18G901
系列图集应用丛书

18G901
平法钢筋识图与算量

上官子昌 主编

U0321129

化学工业出版社
·北京·

本书根据 16G101-1、16G101-2、16G101-3、18G901-1、18G901-2、18G901-3 六本新图集及《混凝土结构设计规范》（GB 50010—2010）、《建筑抗震设计规范》（GB 50011—2010）编写。全书共分为六章，分别是平法基础知识、基础构件、框架部分以及剪力墙构件、板构件、板式楼梯平法识图。

本书内容丰富、通俗易懂、实用性强、方便查阅，可供从事平法钢筋设计、施工、管理人员以及相关专业大中专的师生学习参考。

图书在版编目（CIP）数据

18G901 平法钢筋识图与算量/上官子昌主编. —北京：化学工业出版社，2019.10
（18G901 系列图集应用丛书）
ISBN 978-7-122-34966-8

Ⅰ.①1… Ⅱ.①上… Ⅲ.①钢筋混凝土结构-建筑构图-识图②钢筋混凝土结构-结构计算 Ⅳ.①TU375

中国版本图书馆 CIP 数据核字（2019）第 157562 号

责任编辑：徐 娟　　　　　　　　　　文字编辑：吴开亮
责任校对：王 静　　　　　　　　　　装帧设计：刘丽华

出版发行：化学工业出版社（北京市东城区青年湖南街 13 号　邮政编码 100011）
印　　刷：三河市航远印刷有限公司
装　　订：三河市宇新装订厂
787mm×1092mm　1/16　印张 12　字数 294 千字　2020 年 1 月北京第 1 版第 1 次印刷

购书咨询：010-64518888　　　　　　售后服务：010-64518899
网　　址：http://www.cip.com.cn
凡购买本书，如有缺损质量问题，本社销售中心负责调换。

定　　价：58.00 元　　　　　　　　　　　　　　　版权所有　违者必究

前言
PREFACE

平法是把结构构件的尺寸和钢筋等，按照平面整体表示方法制图规则，整体直接表达在各类构件的结构平面布置图上，再与标准构造详图相配合，即构成一套完整的结构施工图的方法。18G901系列图集在原12G901系列图集内容的基础上，结合实际工程应用以及多年来一线使用者的反馈进行了系统的梳理、修订，在与16G101系列图集协调统一的同时又是16G101系列图集的深化设计与构造做法详解。随着平法在全国的普及和向纵深发展，人们对平法的理解程度也在逐步提高，在理论与实践相结合的过程中，疑问和不解也在不断的产生。基于此，我们组织编写了此书，系统地讲解了18G901系列图集，方便相关工作人员学习平法钢筋知识。

本书根据16G101-1、16G101-2、16G101-3、18G901-1、18G901-2、18G901-3六本最新图集及《混凝土结构设计规范》（GB 50010—2010）、《建筑抗震设计规范》（GB 50011—2010）编写，共分为六章，包括：平法基础知识、基础构件、框架部分以及剪力墙构件、板构件、板式楼梯平法识图等。本书内容丰富、通俗易懂、实用性强、方便查阅。本书可供从事平法钢筋设计、施工、管理人员以及相关专业大中专的师生学习参考。

本书由上官子昌主编，参加编写的还有于涛、王红微、王媛媛、齐丽娜、白雅君、刘艳君、李东、李瑾、孙石春、孙丽娜、李瑞、何影、张黎黎、董慧、刘静、罗瑞霞、周颖、付那仁图雅等。

本书在编写过程中参阅和借鉴了许多优秀书籍、图集和有关国家标准，并得到了有关领导和专家的帮助，在此一并致谢。由于作者水平有限，尽管尽心尽力，反复推敲，仍难免存在疏漏或未尽之处，恳请有关专家和读者提出宝贵意见予以批评指正！

编　者
2019年2月

目录
CONTENTS

平法基础知识

1.1 18G901系列图集简介

1.1.1 平法图集的类型

区别于16G101系列国家建筑标准设计图集，18G901系列图集是对16G101系列图集构造内容、施工时钢筋排布构造的深化设计。18G901系列图集包括：

18G901-1《混凝土结构施工钢筋排布规则与构造详图（现浇混凝土框架、剪力墙、梁、板）》；

18G901-2《混凝土结构施工钢筋排布规则与构造详图（现浇混凝土板式楼梯）》；

18G901-3《混凝土结构施工钢筋排布规则与构造详图（独立基础、条形基础、筏形基础、桩基础）》。

1.1.2 平法图集的适用范围

18G901-1适用于抗震设防烈度为6～9度地区的现浇钢筋混凝土框架、剪力墙、框架-剪力墙、框支剪力墙、筒体等结构的梁、柱、墙、板；适用于抗震设防烈度为6～8度地区的板柱-剪力墙结构的梁、柱、墙、板。

18G901-2适用于抗震设防烈度为6～9度地区的现浇钢筋混凝土板式楼梯。

18G901-3适用于独立基础、条形基础、筏形基础（分为梁板式和平板式）、桩基础的施工钢筋排布及构造。

1.2 钢筋基础知识

钢筋按生产工艺分为：热轧钢筋、冷轧钢筋、余热处理钢筋、冷轧带肋钢筋、冷轧扭钢筋、冷拔螺旋钢筋和钢绞线。

钢筋按轧制外形分为：光圆钢筋、螺纹钢筋（螺旋纹、人字纹）。

钢筋按强度等级分为：HPB300表示热轧光圆钢筋，符号为 ϕ；HRB335表示热轧带肋钢筋，符号为Φ；HRB400 表示热轧带肋钢筋，符号为Φ；RRB400 表示余热处理带肋钢筋，符号为Φ^R。

1.2.1 热轧钢筋

热轧钢筋是由低碳钢、普通低合金钢在高温状态下轧制而成。钢筋强度提高，其塑性降低。热轧钢筋分为光圆钢筋和热轧带肋钢筋（图1-1）两种。

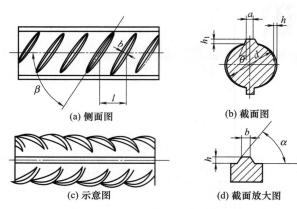

(a) 侧面图 (b) 截面图

(c) 示意图 (d) 截面放大图

图 1-1 月牙肋钢筋表面及截面形状

d—钢筋直径；α—横肋斜角；h—横肋高度；β—横肋与轴线夹角；

h_1—纵肋高度；a—纵肋顶宽；l—横肋间距；b—横肋顶宽

1.2.2 冷轧钢筋

冷轧钢筋是热轧钢筋在常温下通过冷拉或冷拔等方法冷加工而成。钢筋经过冷拉和时效硬化后，能提高它的屈服强度，但它的塑性有所降低，已逐渐淘汰。

钢丝是用高碳镇静钢轧制成圆盘后经过多道冷拔，并进行应力消除、矫直、回火处理而成。

刻痕钢丝是在光面钢丝的表面上进行机械刻痕处理，以增加与混凝土的黏结能力。

1.2.3 余热处理钢筋

余热处理钢筋是经热轧后立即穿水，进行表面控制冷却，然后利用芯部余热自身完成回火等调质工艺处理所得的成品钢筋，热处理后钢筋强度得到较大提高而塑性降低并不大。

1.2.4 冷轧带肋钢筋

冷轧带肋钢筋是热轧圆盘条经冷轧在其表面冷轧成三面或两面有肋的钢筋。冷轧带肋钢筋的牌号由 CRB 和钢筋的抗拉强度最小值构成。C、R、B 分别为冷轧（cold rolled）、带肋（ribbed）、钢筋（bar）三个词的英文首位大写字母。冷轧带肋钢筋分为 CRB550、CRB650、CRB800、CRB970、CRB1170 五个牌号。CRB550 为普通钢筋混凝土用钢筋，其他牌号为预应力混凝土用钢筋。

CRB550 钢筋的公称直径范围为 4～12mm。CRB650 及以上牌号的公称直径为 4mm、5mm、6mm。

冷轧带肋钢筋的外形肋呈月牙形，横肋沿钢筋截面周圈上均匀分布，其中三面肋钢筋有一面肋的倾角必须与另两面反向，两面肋钢筋一面肋的倾角必须与另一面反向。横肋中心线和钢筋轴线夹角 β 为 40°～60°。肋两侧面和钢筋表面斜角 α 不得小于 45°，横肋与钢筋表面呈弧形相交。横肋间隙的总和应不大于公称周长的 20%（图 1-2）。

1.2.5 冷轧扭钢筋

冷轧扭钢筋是用低碳钢钢筋（含碳量低于 0.25%）经冷轧扭工艺制成，其表面呈连续

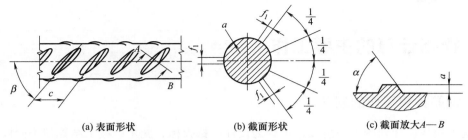

(a) 表面形状   (b) 截面形状   (c) 截面放大 A—B

图 1-2　冷轧带肋钢筋表面及截面形状

α—横肋斜角；β—横肋与轴线夹角；a—横肋中点高；c—横肋间距；f_1—横肋间隙

螺旋形（图 1-3）。这种钢筋具有较高的强度，而且有足够的塑性，与混凝土黏结性能优异，代替 HPB300 级钢筋可节约钢材用量约 30%。一般用于预制钢筋混凝土圆孔板、叠合板中的预制薄板以及现浇钢筋混凝土楼板等。

1.2.6　冷拔螺旋钢筋

冷拔螺旋钢筋是热轧圆盘条经冷拔后在表面形成连续螺旋槽的钢筋。冷拔螺旋钢筋的外形如图 1-4 所示。冷拔螺旋钢筋的生产，可利用原有的冷拔设备，只需增加一个专用螺旋装置与陶瓷模具。该钢筋具有强度适中、握裹力强、塑性好、成本低等优点，可用作钢筋混凝土构件中的受力钢筋，以节约钢材，

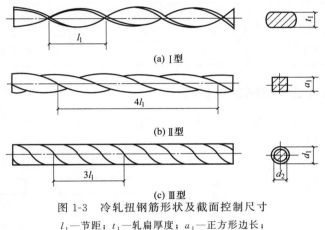

(a) Ⅰ型

(b) Ⅱ型

(c) Ⅲ型

图 1-3　冷轧扭钢筋形状及截面控制尺寸

l_1—节距；t_1—轧扁厚度；a_1—正方形边长；
d_1—外圆直径；d_2—内圆直径

用于预应力空心板可提高延性，改善构件使用性能。

1.2.7　钢绞线

钢绞线是由沿一根中心钢丝及若干根呈螺旋形绕在一起的公称直径相同的钢丝构成（图 1-5）。常用的有 1×3 和 1×7 标准型。

预应力钢筋宜采用预应力钢绞线、钢丝，也可采用热处理钢筋。

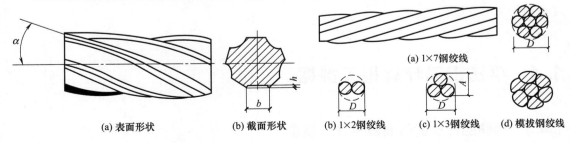

(a) 表面形状   (b) 截面形状

图 1-4　冷拔螺旋钢筋表面及截面形状

α—横肋与钢筋轴线夹角；b—横肋间隙；h—横肋中点高

(a) 1×7钢绞线

(b) 1×2钢绞线　(c) 1×3钢绞线　(d) 模拔钢绞线

图 1-5　预应力钢绞线表面及截面形状

D—钢绞线公称直径；A—1×3钢绞线测量尺寸

1.3 钢筋计算的主要工作

1.3.1 钢筋计算工作的划分

建筑工程从设计到竣工的阶段，可分为设计、招投标、施工、竣工结算四个阶段，确定钢筋用量是每个阶段中必不可少的环节。

钢筋计算工作主要分为两大类，见表1-1。

表 1-1 钢筋计算工作的分类

钢筋计算工作划分	计算依据和方法	目的	备注
钢筋翻样	按照相关规范及设计图纸，以"实际长度"进行计算	指导实际施工	既符合相关规范和设计要求，还要满足方便施工、降低成本等施工需求
钢筋算量	按照相关规范及设计图纸，以及工程量清单和定额的要求，以"设计长度"进行计算	确定工程造价	快速计算工程的钢筋总用量，用于确定工程造价

1.3.2 钢筋计算长度

（1）设计长度 设计长度如图1-6所示。

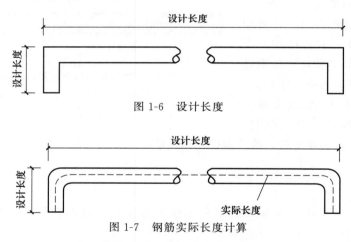

图 1-6 设计长度

图 1-7 钢筋实际长度计算

（2）计算长度 本书中所涉及的长度，按实际长度计算，如图1-7所示，实际长度就要考虑钢筋加工变形。

1.4 平法钢筋计算相关数据

1.4.1 钢筋的计算截面面积及理论质量

钢筋的计算截面面积及理论质量见表1-2。

表 1-2 钢筋的公称直径、公称截面面积及理论质量

公称直径/mm	不同根数钢筋的计算截面面积/mm²									单根钢筋理论质量/(kg/m)
	1	2	3	4	5	6	7	8	9	
6	28.3	57	85	113	142	170	198	226	255	0.222
8	50.3	101	151	201	252	302	352	402	453	0.395
10	78.5	157	236	314	393	471	550	628	707	0.617
12	113.1	226	339	452	565	678	791	904	1017	0.888
14	153.9	308	461	615	769	923	1077	1231	1385	1.21
16	201.1	402	603	804	1005	1206	1407	1608	1809	1.58
18	254.5	509	763	1017	1272	1527	1781	2036	2290	2.00(2.11)
20	314.2	628	942	1256	1570	1884	2199	2513	2827	2.47
22	380.1	760	1140	1520	1900	2281	2661	3041	3421	2.98
25	490.9	982	1473	1964	2454	2945	3436	3927	4418	3.85(4.10)
28	615.8	1232	1847	2463	3079	3695	4310	4926	5542	4.83
32	804.2	1609	2413	3217	4021	4826	5630	6434	7238	6.31(6.65)
36	1017.9	2036	3054	4072	5089	6107	7125	8143	9161	7.99
40	1256.6	2513	3770	5027	6283	7540	8796	10053	11310	9.87(10.34)
50	1963.5	3928	5892	7856	9820	11784	13748	15712	17676	15.42(16.28)

注：括号内为预应力螺纹钢筋的数值。

1.4.2 钢筋的锚固长度

（1）受拉钢筋的基本锚固长度见表 1-3、表 1-4。

表 1-3 受拉钢筋基本锚固长度 l_{ab}

钢筋种类	混凝土强度等级								
	C20	C25	C30	C35	C40	C45	C50	C55	≥C60
HPB300	39d	34d	30d	28d	25d	24d	23d	22d	21d
HRB335	38d	33d	29d	27d	25d	23d	22d	21d	21d
HRB400、HRBF400、RRB400	—	40d	35d	32d	29d	28d	27d	26d	25d
HRB500、HRBF500	—	48d	43d	39d	36d	34d	32d	31d	30d

注：d 为锚固钢筋直径。

表 1-4 抗震设计时受拉钢筋基本锚固长度 l_{abE}

钢筋种类		混凝土强度等级								
		C20	C25	C30	C35	C40	C45	C50	C55	≥C60
HPB300	一、二级	45d	39d	35d	32d	29d	28d	26d	25d	24d
	三级	41d	36d	32d	29d	26d	25d	24d	23d	22d
HRB335	一、二级	44d	38d	33d	31d	29d	26d	25d	24d	24d
	三级	40d	35d	31d	28d	26d	24d	23d	22d	22d
HRB400 HRBF400	一、二级	—	46d	40d	37d	33d	32d	31d	30d	29d
	三级	—	42d	37d	34d	30d	29d	28d	27d	26d
HRB500 HRBF500	一、二级	—	55d	49d	45d	41d	39d	37d	36d	35d
	三级	—	50d	45d	41d	38d	36d	34d	33d	32d

注：1. d 为锚固钢筋直径。

2. 四级抗震时，$l_{abE}=l_{ab}$。

3. HPB300、HRB335 级钢筋规格限于直径 6～14mm。

4. 当锚固钢筋的保护层厚度不大于 5d 时，在锚固钢筋长度范围内应配置构造钢筋（箍筋或横向钢筋），以防止保护层混凝土劈裂时钢筋突然失锚。其中对于构造钢筋的直径，根据最大锚固钢筋的直径确定；对于构造钢筋的间距，按最小锚固钢筋的直径取值。

（2）受拉钢筋的锚固长度见表 1-5、表 1-6。

表 1-5　受拉钢筋锚固长度 l_a

单位：mm

钢筋种类	混凝土强度等级																	
	C20	C25		C30		C35		C40		C45		C50		C55		≥C60	
	d≤25	d≤25	d>25	d≤25	d>25	d≤25	d>25	d≤25	d>25	d≤25	d>25	d≤25	d>25	d≤25	d>25	d≤25	d>25
HPB300	39d	34d	—	30d	—	28d	—	25d	—	24d	—	23d	—	22d	—	21d	—
HRB335	38d	33d	—	29d	—	27d	—	25d	—	23d	—	22d	—	21d	—	21d	—
HRB400、HRBF400、RRB400	—	40d	44d	35d	39d	32d	35d	29d	32d	28d	31d	27d	30d	26d	29d	25d	28d
HRB500、HRBF500	—	48d	53d	43d	47d	39d	43d	36d	40d	34d	37d	32d	35d	31d	34d	30d	33d

注：d 为锚固钢筋直径。

表 1-6　受拉钢筋抗震锚固长度 l_{aE}

单位：mm

钢筋种类		混凝土强度等级																	
		C20	C25		C30		C35		C40		C45		C50		C55		≥C60	
		d≤25	d≤25	d>25	d≤25	d>25	d≤25	d>25	d≤25	d>25	d≤25	d>25	d≤25	d>25	d≤25	d>25	d≤25	d>25
HPB300	一、二级	45d	39d	—	35d	—	32d	—	29d	—	28d	—	26d	—	25d	—	24d	—
	三级	41d	36d	—	32d	—	29d	—	26d	—	25d	—	24d	—	23d	—	22d	—
HRB335	一、二级	44d	38d	—	33d	—	31d	—	29d	—	26d	—	25d	—	24d	—	24d	—
	三级	40d	35d	—	30d	—	28d	—	26d	—	24d	—	23d	—	22d	—	22d	—
HRB400、HRBF400	一、二级	—	46d	51d	40d	45d	37d	40d	33d	37d	32d	36d	31d	35d	30d	33d	29d	32d
	三级	—	42d	46d	37d	41d	34d	37d	30d	34d	29d	33d	28d	32d	27d	30d	26d	29d
HRB500、HRBF500	一、二级	—	55d	61d	49d	54d	45d	49d	41d	46d	39d	43d	37d	40d	36d	39d	35d	38d
	三级	—	50d	56d	45d	49d	41d	45d	38d	42d	36d	39d	34d	37d	33d	36d	32d	35d

注：1. 当纵向受拉钢筋为环氧树脂涂层带肋钢筋时，表中数据尚应乘以 1.25。
2. 当纵向受拉钢筋在施工过程中易受扰动时，表中数据尚应乘以 1.1。
3. 当锚固长度范围内纵向受力钢筋周边保护层厚度为 3d、5d（d 为锚固钢筋的直径）时，表中数据可分别乘以 0.8、0.7；中间时按内插值。
4. 当纵向受拉普通钢筋锚固长度修正系数（注 1～注 3）多于一项时，可按连乘计算。
5. 受拉钢筋的锚固长度 l_a、l_{aE} 计算值不应小于 200mm。
6. 四级抗震时，$l_{aE}=l_a$。
7. 当锚固钢筋的保护层厚度不大于 5d 时，锚固长度范围内应设置横向构造钢筋，其直径不应小于 d/4（d 为锚固钢筋的最大直径）；对梁、柱等构件间距不应大于 5d，对板、墙等构件间距不应大于 10d，且均不应大于 100mm（d 为锚固钢筋的最小直径）。
8. HPB300、HRB335 级钢筋规格限于直径 6～14mm。

1.4.3 钢筋搭接长度

纵向受拉钢筋搭接长度分别见表 1-7、表 1-8。

表 1-7　纵向受拉钢筋搭接长度 l_l

单位：mm

钢筋种类		混凝土强度等级																			
		C20	C25		C30		C35		C40		C45		C50		C55		≥C60	
		$d \leq 25$	$d \leq 25$	$d > 25$	$d \leq 25$	$d > 25$	$d \leq 25$	$d > 25$	$d \leq 25$	$d > 25$	$d \leq 25$	$d > 25$	$d \leq 25$	$d > 25$	$d \leq 25$	$d > 25$	$d \leq 25$	$d > 25$
HPB300	≤25%	47d	41d	—	36d	—	34d	—	30d	—	29d	—	28d	—	26d	—	25d	—
	50%	55d	48d	—	42d	—	39d	—	35d	—	34d	—	32d	—	31d	—	29d	—
	100%	62d	54d	—	48d	—	45d	—	40d	—	38d	—	37d	—	35d	—	34d	—
HRB335	≤25%	46d	40d	—	35d	—	32d	—	30d	—	28d	—	26d	—	25d	—	25d	—
	50%	53d	46d	—	41d	—	38d	—	35d	—	32d	—	31d	—	29d	—	29d	—
	100%	61d	53d	—	46d	—	43d	—	40d	—	37d	—	35d	—	34d	—	34d	—
HRB400 HRBF400	≤25%	—	48d	53d	42d	47d	38d	42d	35d	38d	34d	37d	32d	36d	31d	35d	30d	34d
	50%	—	56d	62d	49d	55d	45d	49d	41d	45d	39d	43d	38d	42d	36d	41d	35d	39d
RRB400	100%	—	64d	70d	56d	62d	51d	56d	46d	51d	45d	50d	43d	48d	42d	46d	40d	45d
HRB500 HRBF500	≤25%	—	58d	64d	52d	58d	47d	52d	43d	48d	41d	44d	38d	42d	37d	41d	36d	40d
	50%	—	67d	74d	60d	66d	55d	60d	50d	56d	48d	52d	45d	49d	43d	48d	42d	46d
	100%	—	77d	85d	69d	75d	62d	69d	58d	64d	54d	59d	51d	56d	50d	54d	48d	53d

注：1. 表中数值为纵向受拉钢筋绑扎搭接头的搭接长度。
2. 两根不同直径钢筋搭接时，表中 d 取较细钢筋直径。
3. 当为环氧树脂涂层带肋钢筋时，表中数据尚应乘以 1.25。
4. 当纵向受拉钢筋在施工过程中易受扰动时，表中数据尚应乘以 1.1。
5. 当搭接长度范围内纵向受力钢筋周边保护层厚度为 3d、5d（d 为搭接钢筋的直径）时，表中数据可分别乘以 0.8、0.7；中间时按内插值。
6. 当纵向受拉普通钢筋锚固长度修正系数（注 3～注 5）多于一项时，可按连乘计算。
7. 任何情况下，搭接长度不应小于 300mm。
8. HPB300、HRB335 级钢筋规格限于直径 6～14mm。

表 1-8　纵向受拉钢筋抗震搭接长度 l_{lE}

单位：mm

钢筋种类			混凝土强度等级																
			C20	C25		C30		C35		C40		C45		C50		C55		≥C60	
			$d{\le}25$	$d{\le}25$	$d{>}25$	$d{\le}25$	$d{>}25$	$d{\le}25$	$d{>}25$	$d{\le}25$	$d{>}25$	$d{\le}25$	$d{>}25$	$d{\le}25$	$d{>}25$	$d{\le}25$	$d{>}25$	$d{\le}25$	$d{>}25$
一、二级抗震 HPB300	≤25%		54d	47d	—	42d	—	38d	—	35d	—	34d	—	31d	—	30d	—	29d	—
HPB300	50%		63d	55d	—	49d	—	45d	—	41d	—	39d	—	36d	—	35d	—	34d	—
HRB335	≤25%		53d	46d	—	40d	—	37d	—	35d	—	31d	—	30d	—	29d	—	29d	—
HRB335	50%		62d	53d	—	46d	—	43d	—	41d	—	36d	—	35d	—	34d	—	34d	—
HRB400 HRBF400	≤25%		—	55d	61d	48d	54d	44d	48d	40d	44d	38d	43d	37d	42d	36d	40d	35d	38d
HRB400 HRBF400	50%		—	64d	71d	56d	63d	52d	56d	46d	52d	45d	50d	43d	49d	42d	46d	41d	45d
HRB500 HRBF500	≤25%		—	66d	73d	59d	65d	54d	59d	49d	55d	47d	52d	44d	48d	43d	47d	42d	46d
HRB500 HRBF500	50%		—	77d	85d	69d	76d	63d	69d	57d	64d	55d	60d	52d	56d	50d	55d	49d	53d
三级抗震 HPB300	≤25%		49d	43d	—	38d	—	35d	—	31d	—	30d	—	29d	—	28d	—	26d	—
HPB300	50%		57d	50d	—	45d	—	41d	—	36d	—	35d	—	34d	—	32d	—	31d	—
HRB335	≤25%		48d	42d	—	36d	—	34d	—	31d	—	29d	—	28d	—	26d	—	26d	—
HRB335	50%		56d	49d	—	42d	—	39d	—	36d	—	34d	—	32d	—	31d	—	31d	—
HRB400 HRBF400	≤25%		—	50d	55d	44d	49d	41d	44d	36d	41d	35d	40d	34d	38d	32d	36d	31d	35d
HRB400 HRBF400	50%		—	59d	64d	52d	57d	48d	52d	42d	48d	41d	46d	39d	45d	38d	42d	36d	41d
HRB500 HRBF500	≤25%		—	60d	67d	54d	59d	49d	54d	46d	50d	43d	47d	41d	44d	40d	43d	38d	42d
HRB500 HRBF500	50%		—	70d	78d	63d	69d	57d	63d	53d	59d	50d	55d	48d	52d	46d	50d	45d	49d

注：1. 表中数值为纵向受拉钢筋绑扎搭接接头的搭接长度。

2. 两根不同直径钢筋搭接时，表中 d 取较细钢筋直径。

3. 当为环氧树脂带肋涂层钢筋时，表中数据尚应乘以 1.25。

4. 当纵向受拉钢筋在施工过程中易受扰动时，表中数据尚应乘以 1.1。

5. 当搭接长度范围内纵向受力钢筋周边保护层厚度为 3d、5d（d 为搭接钢筋的直径）时，表中数据可分别乘以 0.8、0.7；中间时按内插值。

6. 当上述修正系数（注 3～注 5）多于一项时，可按连乘计算。

7. 任何情况下，搭接长度不应小于 300mm。

8. HPB300、HRB335 级钢筋规格限于直径 6～14mm。

9. 四级抗震时，$l_{lE}=l_l$。

2 基础构件

2.1 独立基础钢筋排布构造

2.1.1 普通独立基础钢筋排布构造

2.1.1.1 单柱独立基础钢筋排布构造

（1）矩形独立基础底板钢筋排布构造　矩形独立基础底板截面有阶形和坡形两种，其底板钢筋排布构造如图 2-1 所示。

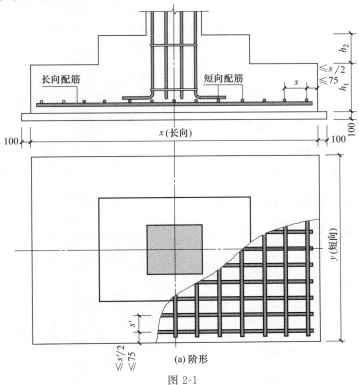

(a) 阶形

图 2-1

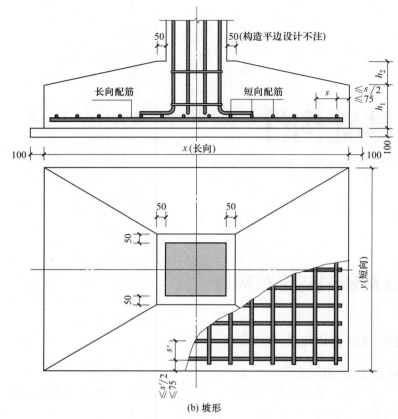

图 2-1 矩形独立基础底板钢筋排布构造

s、s'—短、长向钢筋间距；h_1、h_2—各级（阶）的高度

① 长向钢筋。

$$长度 = x - 2c \tag{2-1}$$

$$根数 = \frac{y - 2 \times \min\left(75, \frac{s'}{2}\right)}{s'} + 1 \tag{2-2}$$

式中　c——钢筋保护层的最小厚度，mm；

　　x、y——长向、短向边长，mm；

$\min\left(75, \frac{s'}{2}\right)$——长向钢筋起步距离，mm；

　　s'——长向钢筋间距，mm。

② 短向钢筋。

$$长度 = y - 2c \tag{2-3}$$

$$根数 = \frac{x - 2 \times \min\left(75, \frac{s}{2}\right)}{s} + 1 \tag{2-4}$$

式中　$\min\left(75, \frac{s}{2}\right)$——短向钢筋起步距离，mm；

　　s——短向钢筋间距，mm。

除此之外，也可看出，独立基础底板双向交叉钢筋布置时，短向设置在上，长向设置在下。

（2）底板配筋长度减短10％的对称独立基础 对称独立基础底板配筋长度减短10％的钢筋排布构造如图2-2所示。

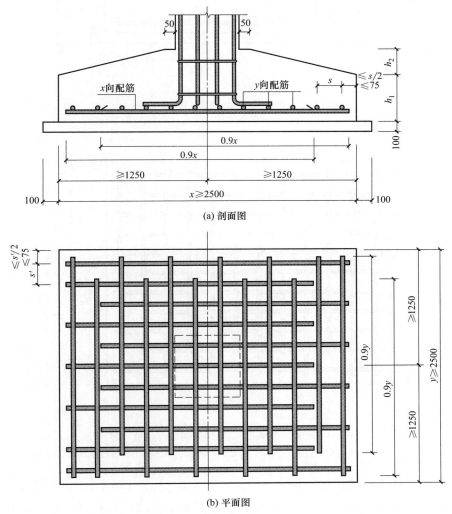

(a) 剖面图

(b) 平面图

图2-2 对称独立基础底板配筋长度减短10％的钢筋排布构造

s、s'—y、x向钢筋间距；x、y—基础两向边长；h_1、h_2—各级（阶）的高度

当对称独立基础底板的长度不小于2500mm时，各边最外侧钢筋不缩减；除了外侧钢筋外，两项其他底板配筋可以缩减10％，即取相应方向底板长度的0.9倍。因此，可得出下列计算公式：

$$外侧钢筋长度 = x - 2c \ 或 \ y - 2c \qquad (2-5)$$

$$其他钢筋长度 = 0.9x \ 或 \ 0.9y \qquad (2-6)$$

（3）底板配筋长度减短10％的非对称独立基础 非对称独立基础底板配筋长度减短10％的钢筋排布构造如图2-3所示。

当非对称独立基础底板的长度不小于2500mm时，各边最外侧钢筋不缩减。对称方向

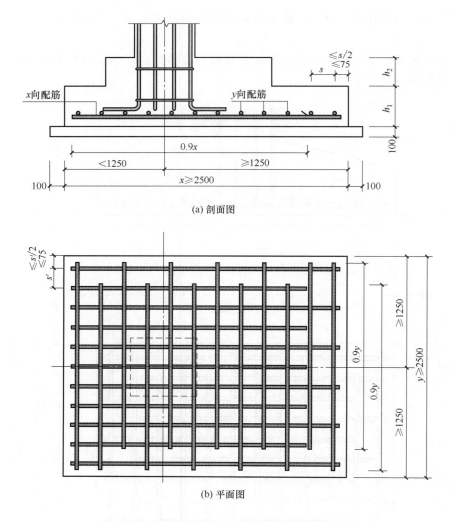

(a) 剖面图

(b) 平面图

图 2-3　底板配筋长度减短 10％的非对称独立基础

s、s'—y、x 向钢筋间距；x、y—基础两向边长；h_1、h_2—各级（阶）的高度

（图 2-3 中 y 向）中部钢筋长度缩减 10％。非对称方向（图 2-3 中 x 向）：当基础某侧从柱中心至基础底板边缘的距离小于 1250mm 时，该侧钢筋不缩减；当基础某侧从柱中心至基础底板边缘的距离不小于 1250mm 时，该侧钢筋隔一根缩减一根。因此，可得出以下计算公式：

$$外侧钢筋（不缩减）长度＝x-2c \ 或 \ y-2c \qquad (2\text{-}7)$$

$$对称方向中部钢筋长度＝0.9y \qquad (2\text{-}8)$$

非对称方向

$$中部钢筋长度＝x-2c \qquad (2\text{-}9)$$

在缩减时

$$中部钢筋长度＝0.9y \qquad (2\text{-}10)$$

【例 2-1】　DJ_P3 平法施工图如图 2-4 所示，试计算其钢筋量。

【解】　DJ_P3 为正方形，x 向钢筋与 y 向钢筋完全相同，本例中以 x 向钢筋为例进行计算，计算过程如下，钢筋如图 2-5 所示。

图 2-4 DJ$_P$3 平法施工图

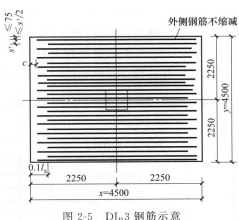

图 2-5 DJ$_P$3 钢筋示意

（1）x 向外侧钢筋长度＝基础边长$-2c＝x-2c＝4500-2×40＝4420$（mm）

（2）x 向外侧钢筋根数＝2 根（一侧各一根）

（3）x 向其余钢筋长度＝基础边长$-c-0.1×$基础边长$＝x-c-0.1l_x＝4500-40-0.1×4500＝4010$（mm）

（4）x 向其余钢筋根数$＝[y-2×\min(75,s'/2)]/s'-1＝(4500-2×75)/150-1＝28$（根）

【例 2-2】 DJ$_P$4 平法施工图如图 2-6 所示，试计算其钢筋量。

【解】 本例 y 向钢筋与上例 DJ$_P$3 完全相同，本例讲解 x 向钢筋的计算，计算过程如下，钢筋如图 2-7 所示。

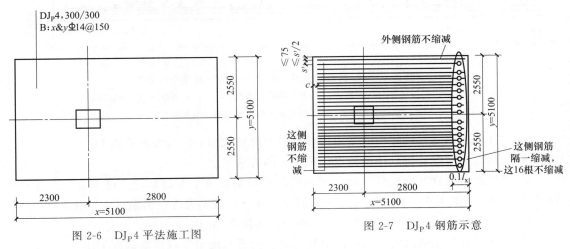

图 2-6 DJ$_P$4 平法施工图

图 2-7 DJ$_P$4 钢筋示意

（1）x 向外侧钢筋长度＝基础边长$-2c＝x-2c＝5100-2×40＝5020$（mm）

（2）x 向外侧钢筋根数＝2 根（一侧各一根）

（3）x 向其余钢筋（两侧均不缩减）长度（与外侧钢筋相同）$＝x-2c＝5100-2×40＝5020$（mm）

（4）根数$＝\{[y-2×\min(75,s'/2)]/s'-1\}/2＝[(5100-2×75)/150-1]/2＝16$（根）

（右侧隔一缩减）

（5）x 向其余钢筋（右侧缩减的钢筋）长度＝基础边长－c－$0.1×$基础边长＝$x-c-0.1l_x=5100-40-0.1×5100=4550$（mm）

（6）根数＝$16-1=15$（根）（因为隔一缩减，所以比另一种少一根）

2.1.1.2 多柱独立基础钢筋排布构造

（1）双柱普通独立基础底部与顶部钢筋排布构造如图2-8所示。

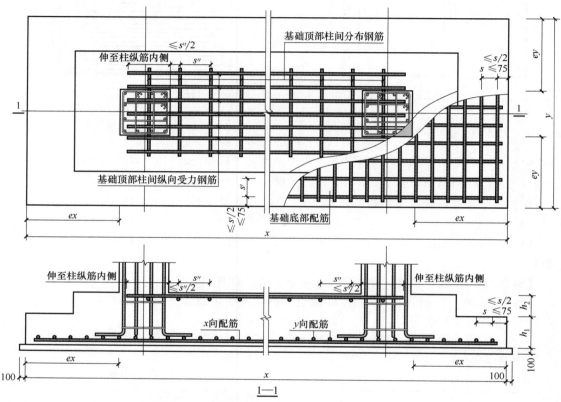

图2-8 双柱普通独立基础底部与顶部钢筋排布构造

s'、s/s''—x、y 向钢筋间距；x、y—基础两向边长；h_1、h_2—各级（阶）的高度；

ex、ey——基础 x、y 向从柱外缘至基础外缘的伸出长度

① 双柱普通独立基础底板的截面形状可以为阶形截面 DJ_J 或坡形截面 DJ_P。

② 几何尺寸及配筋按具体结构设计和相关的构造规定。

③ 双柱普通独立基础底部双向交叉钢筋，根据基础两个方向从柱外缘至基础外缘的延伸长度 ex 和 ey 的大小，较大者方向的钢筋设置在下，较小者方向的钢筋设置在上。

（2）设置基础梁的双柱普通独立基础钢筋排布构造如图2-9所示。

① 双柱普通独立基础底板的截面形状可以为阶形截面 DJ_J 或坡形截面 DJ_P。

② 几何尺寸及配筋按具体结构设计和相关的构造规定。

③ 双柱普通独立基础底部短向受力钢筋设置在基础梁纵筋之下，与基础梁箍筋的下水平段位于同一层面。

④ 双柱独立基础所设置的基础梁宽度宜比柱宽≥100mm（每边≥50mm）。当具体设计的基础梁宽度小于柱宽时，应按相关规定增设梁包柱侧腋。

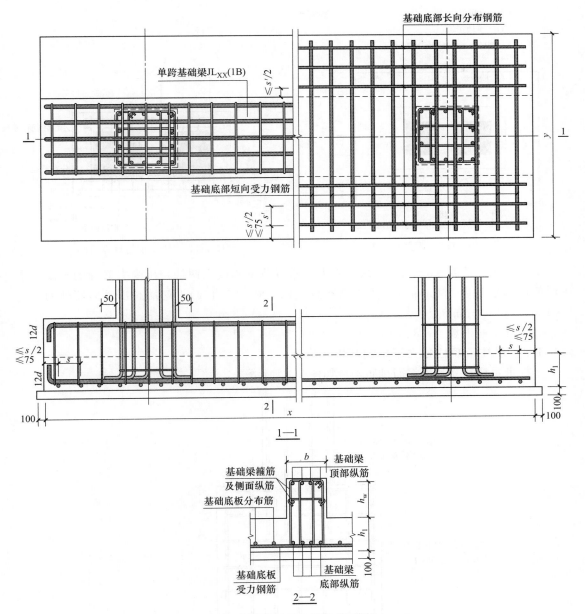

图 2-9　设置基础梁的双柱普通独立基础钢筋排布构造

x、y—基础两向边长；s'、s—x、y 向钢筋间距；h_1—基础底板高度；

h_w—基础底板净高度；d—钢筋直径；b—长边宽度

【例 2-3】　DJ_P4 平法施工图如图 2-10 所示，混凝土强度为 C30，试计算其钢筋量。

【解】　DJ_P4 钢筋计算简图如图 2-11 所示。

（1）1 号筋长度＝柱内侧边起算＋两端锚固 l_a＝200＋2×35d＝200＋2×35×16＝1320（mm）

（2）1 号筋根数＝（柱宽 500－两侧起距离 50×2）/100＋1＝5（根）

（3）2 号筋长度＝柱中心线起算＋两端锚固 l_a＝250＋200＋250＋2×35d＝1820（mm）

（4）3 号筋根数＝（总根数 9－5）＝4（根）（每侧 2 根）

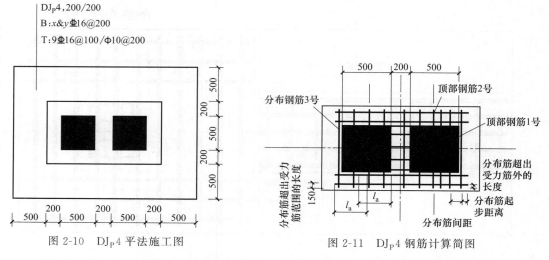

图 2-10　DJ_p4 平法施工图　　　　　图 2-11　DJ_p4 钢筋计算简图

（5）分布筋长度（3 号筋）＝纵向受力筋布置范围长度＋两端超出受力筋外的长度（本书此值取构造长度 150mm）＝（受力筋布置范围 500＋2×150）＋两端超出受力筋外的长度 2×150＝1100（mm）

（6）分布筋根数＝（1820－2×100）/200＋1＝10（根）

2.1.1.3　单柱带短柱独立基础钢筋排布构造

单柱带短柱独立基础钢筋排布构造如图 2-12 所示。

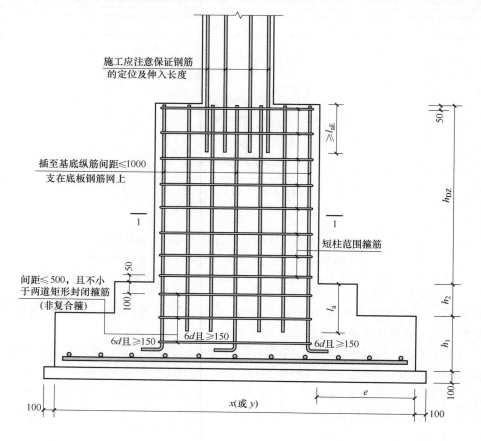

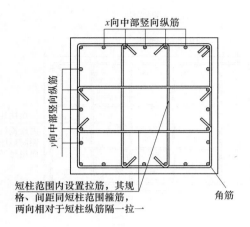

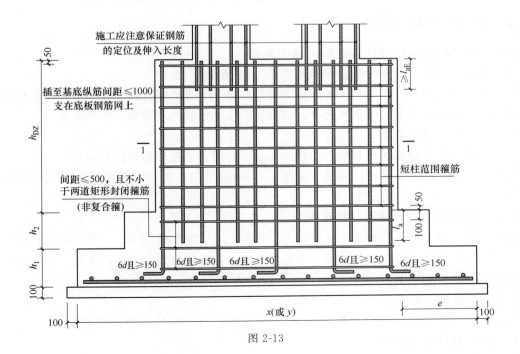

图 2-12 单柱带短柱独立基础钢筋排布构造

x、y—基础两向边长；h_1、h_2、h_{DZ}—各级（阶）的高度；d—钢筋直径；

e—单柱带短柱独立基础短柱边以外的尺寸；l_a—受拉钢筋锚固长度；l_{aE}—受拉钢筋抗震锚固长度

（1）单柱带短柱独立基础底板的截面形状可以为阶形截面 BJ_J 或坡形截面 BJ_P。当为坡形截面且坡度较大时，应在坡面上安装顶部模板，以确保混凝土能够浇筑成型、振捣密实。

（2）几何尺寸及配筋按具体结构设计。

（3）当单柱带短柱独立基础短柱边以外的尺寸（e）≥1250mm 时，除外侧钢筋外，底板配筋长度可按减短 10% 配置。

2.1.1.4 双柱带短柱独立基础钢筋排布构造

双柱带短柱独立基础钢筋排布构造如图 2-13 所示。

图 2-13

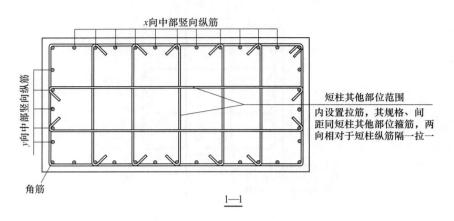

图 2-13　双柱带短柱独立基础钢筋排布构造

x、y—基础两向边长；h_1、h_2、h_{DZ}—各级（阶）的高度；d—钢筋直径；

e—单柱带短柱独立基础短柱边以外的尺寸；l_a—受拉钢筋锚固长度；

l_{aE}—受拉钢筋抗震锚固长度

（1）双柱带短柱独立基础底板的截面形状可以为阶形截面 BJ$_J$ 或坡形截面 BJ$_P$。当为坡形截面且坡度较大时，应在坡面上安装顶部模板，以确保混凝土能够浇筑成型、振捣密实。

（2）几何尺寸及配筋按具体结构设计。

（3）当双柱带短柱独立基础的短柱外尺寸（e）≥1250mm 时，除外侧钢筋外，底板配筋长度可按减短 10％配置。

2.1.2　杯口独立基础钢筋排布构造

2.1.2.1　杯口和双杯口独立基础钢筋排布构造

杯口和双杯口独立基础钢筋排布构造如图 2-14 所示。

（1）杯口独立基础底板的截面形状可为阶形截面 BJ$_J$ 或坡形截面 BJ$_P$。当为坡形截面且坡度较大时，应在坡面上安装顶部模板，以确保混凝土能够浇筑成型、振捣密实。

（2）几何尺寸及配筋按具体结构设计。

（3）基础底板底部钢筋排布构造，详见 2.1.1 普通独立基础钢筋排布构造。

（4）当双杯口独立基础的中间杯壁宽度 t_5＜400mm 时，中间杯壁中配置的构造钢筋按图所示施工。

2.1.2.2　高杯口独立基础钢筋排布构造

高杯口独立基础底板的截面形状可为阶形截面 BJ$_J$ 或坡形截面 BJ$_P$。当为坡形截面且坡度较大时，应在坡面上安装顶部模板，以确保混凝土能够浇筑成型、振捣密实。高杯口独立基础钢筋排布构造如图 2-15 所示。

2.1.2.3　双高杯口独立基础钢筋排布构造

双高杯口独立基础钢筋排布构造如图 2-16 所示。当双杯口的中间壁宽度 t_5＜400mm 时，设置中间杯壁构造钢筋。

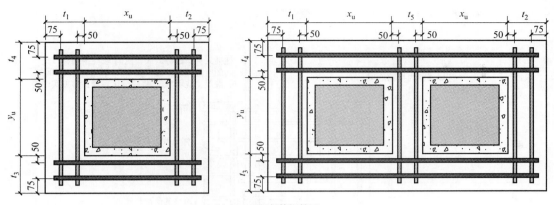

(a) 杯口顶部焊接钢筋网

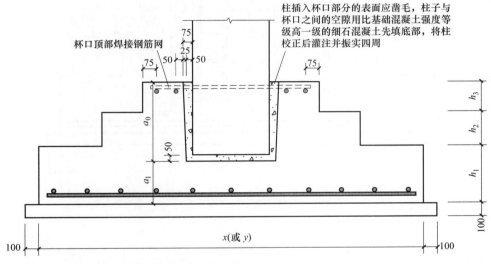

柱插入杯口部分的表面应凿毛,柱子与杯口之间的空隙用比基础混凝土强度等级高一级的细石混凝土先填底部,将柱校正后灌注并振实四周

杯口顶部焊接钢筋网

(b) 杯口独立基础钢筋排布构造

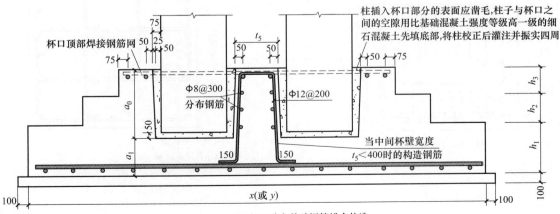

柱插入杯口部分的表面应凿毛,柱子与杯口之间的空隙用比基础混凝土强度等级高一级的细石混凝土先填底部,将柱校正后灌注并振实四周

杯口顶部焊接钢筋网

$\Phi 8@300$ 分布钢筋

$\Phi 12@200$

当中间杯壁宽度 $t_5 < 400$ 时的构造钢筋

(c) 双杯口独立基础钢筋排布构造

图 2-14 杯口和双杯口独立基础钢筋排布构造

h_1、h_2、h_3—各级(阶)的高度;x、y—杯口独立基础两向边长;

x_u、y_u—柱截面尺寸;t_1、t_2、t_3、t_4、t_5—杯壁宽度;a_0、a_1—杯口内、外尺寸

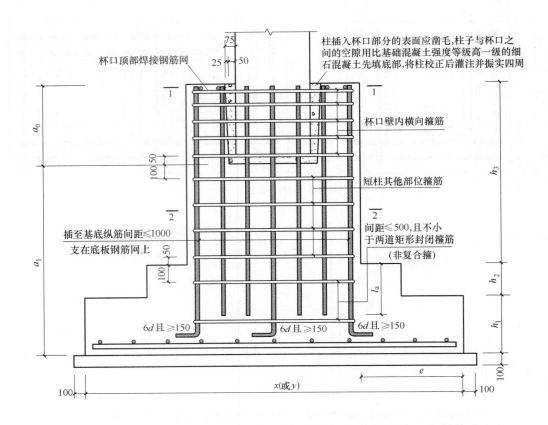

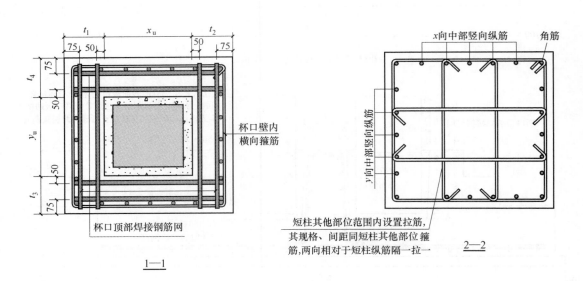

图 2-15 高杯口独立基础钢筋排布构造

h_1、h_2、h_3—各级（阶）的高度；x、y—杯口独立基础两向边长；x_u、y_u—柱截面尺寸；

t_1、t_2、t_3、t_4—杯壁宽度；a_0、a_1—杯口内、外尺寸；d—钢筋直径；l_a—受拉钢筋锚固长度

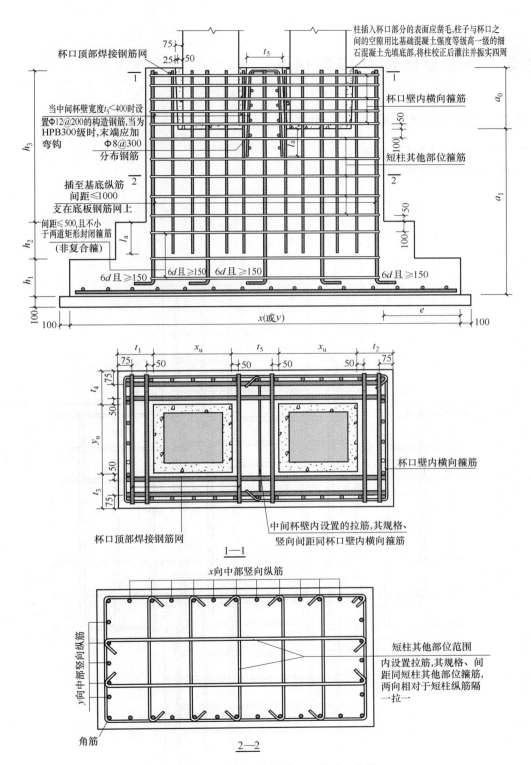

图 2-16　双高杯口独立基础钢筋排布构造

h_1、h_2、h_3—各级（阶）的高度；x、y—杯口独立基础两向边长；x_u、y_u—柱截面尺寸；

t_1、t_2、t_3、t_4、t_5—杯壁宽度；a_0、a_1—杯口内、外尺寸；d—钢筋直径；l_a—受拉钢筋锚固长度

2.2 条形基础钢筋排布构造

2.2.1 条形基础底板钢筋排布构造

2.2.1.1 十字交接基础底板

十字交接基础底板钢筋排布构造如图 2-17 所示。

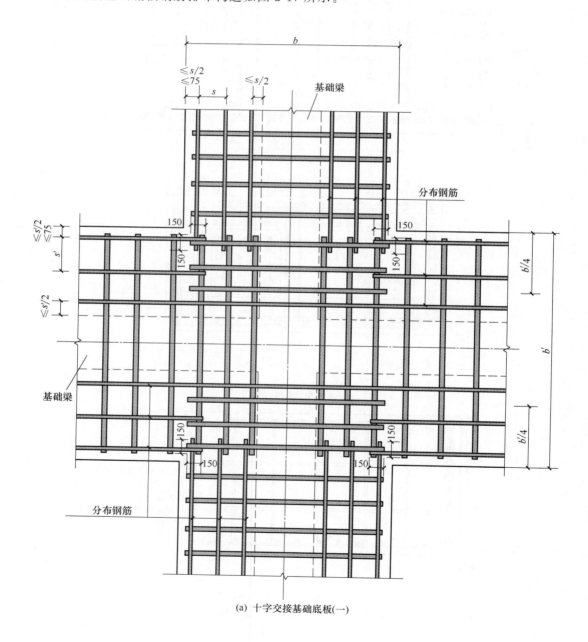

(a) 十字交接基础底板(一)

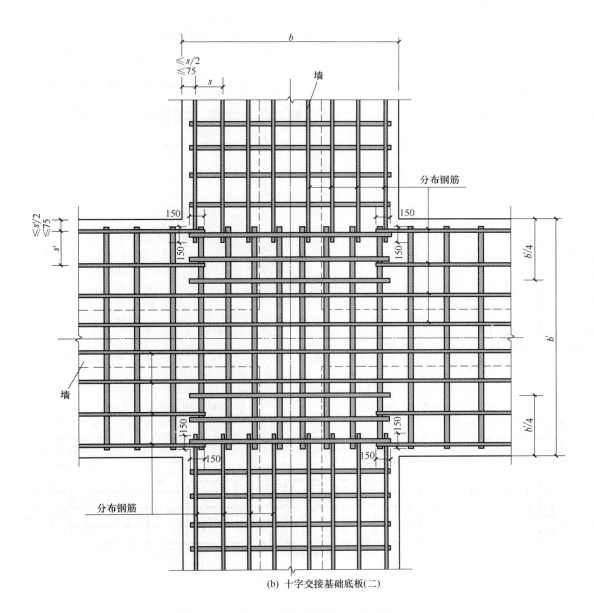

图 2-17 十字交接基础底板钢筋排布构造

s、s'—长、短向钢筋间距；b、b'—长、短向基础底板宽度

十字交接时，配置较大的受力筋贯通布置，另一向在交接处伸入 $b/4$ 范围布置，一向分布筋贯通，另一向分布在交接处与受力筋搭接 150mm，分布筋在梁宽范围内不布置。

【例 2-4】 TJB_P04 平法施工图如图 2-18 所示，试计算其钢筋量。

【解】 （1）受力筋 $\Phi14@150$

长度＝条形基础底板宽度$-2c=1100-2\times40=1020$（mm）

根数＝$26\times2=52$（根）

第 1 跨＝$(3250-75+1100/4)/150+1=24$（根）

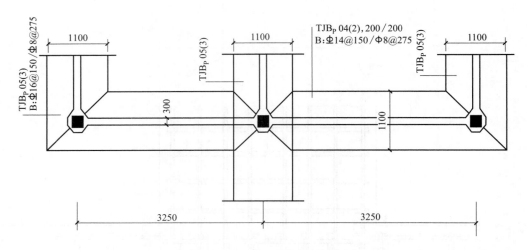

图 2-18 TJB$_P$04 平法施工图

第 2 跨＝$(3250-75+1100/4)/150+1=24$ （根）

（2）分布筋 $\Phi8@275$

长度＝$3250\times2-2\times550+2\times40+2\times150=5780$ （mm）

单侧根数＝$(550-150-275)/275+1=2$ （根）

（3）计算简图（图 2-19）

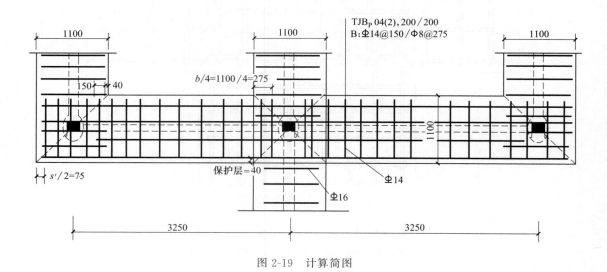

图 2-19 计算简图

2.2.1.2 丁字交接基础底板

丁字交接基础底板钢筋排布构造如图 2-20 所示。

（1）丁字交接时，丁字横向受力筋贯通布置，丁字竖向受力筋在交接处伸入 $b/4$ 范围布置。

（2）分布筋在梁宽范围内不布置。

2.2.1.3 转角梁板端部无纵向延伸

转角梁板端部无纵向延伸钢筋排布构造如图 2-21 所示。

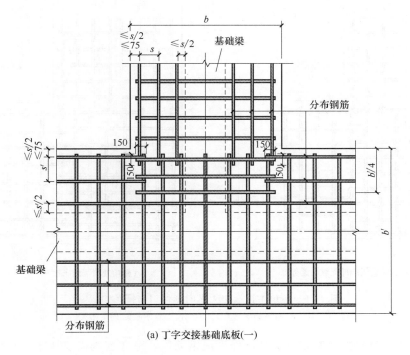

(a) 丁字交接基础底板(一)

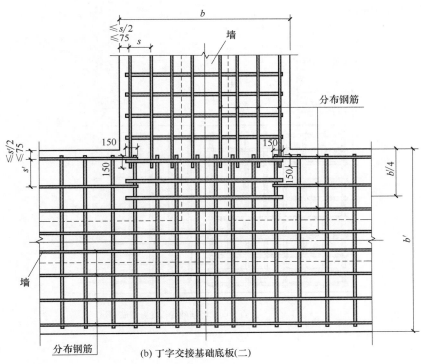

(b) 丁字交接基础底板(二)

图 2-20 丁字交接基础底板钢筋排布构造

s、s'—长、短向钢筋间距；b、b'—长、短向基础底板宽度

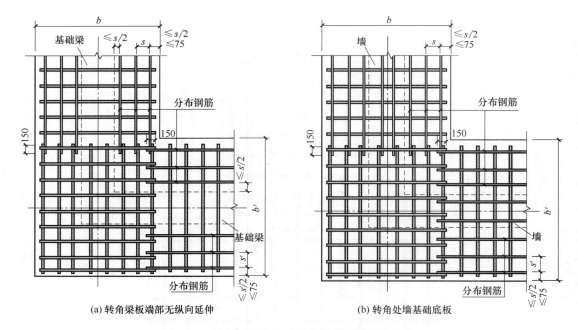

(a) 转角梁板端部无纵向延伸   (b) 转角处墙基础底板

图 2-21　转角梁板端部无纵向延伸钢筋排布构造

s、s'—长、短向钢筋间距；b、b'—长、短向基础底板宽度

（1）交接处，两向受力筋相互交叉已经形成钢筋网，分布筋则需要切断，与另一方向受力筋搭接长度为150mm。

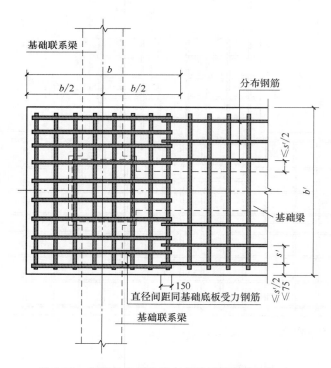

图 2-22　条形基础无交接底板端部钢筋排布构造

s'—短向钢筋间距；b、b'—长、短向基础底板宽度

（2）分布筋在梁宽范围内不布置。

2.2.1.4 条形基础端部无交接底板

条形基础端部无交接底板，另一向为基础连梁（没有基础底板），钢筋排布构造如图 2-22 所示。

端部无交接底板，受力筋在端部 b 范围内相互交叉，分布筋与受力筋搭接 150mm。

2.2.1.5 条形基础底板配筋长度减短 10% 的钢筋排布构造

条形基础底板配筋长度减短 10% 的钢筋排布构造如图 2-23 所示。

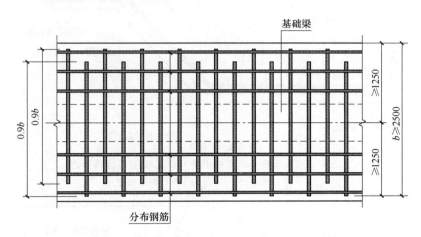

图 2-23　条形基础底板配筋长度减短 10% 的钢筋排布构造
b—基础底板宽度

当条形基础底板≥2500mm 时，底板配筋长度减短 10% 交错配置，端部第一根钢筋不应减短。

2.2.2　条形基础底板不平时底板钢筋排布构造

条形基础底板不平时的底板钢筋排布构造如图 2-24～图 2-26 所示。

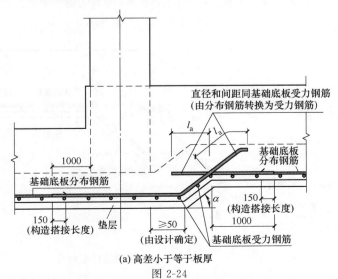

(a) 高差小于等于板厚
图 2-24

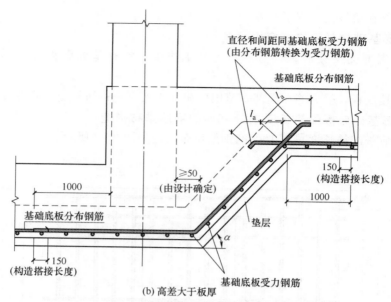

(b) 高差大于板厚

图 2-24 柱下条形基础底板不平时的底板钢筋排布构造

l_a—受拉钢筋锚固长度；α—板底高差坡度

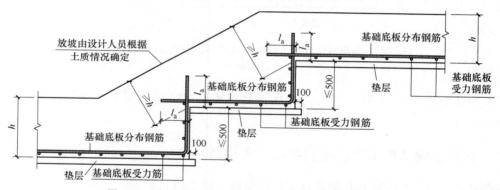

图 2-25 条形基础底板不平时的底板钢筋排布构造（一）

l_a—受拉钢筋锚固长度；h—基础底板高度

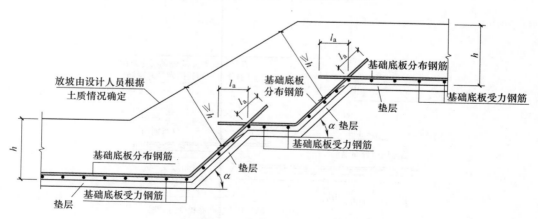

图 2-26 条形基础底板不平时的底板钢筋排布构造（二）

l_a—受拉钢筋锚固长度；h—基础底板高度；α—板底高差坡度

图 2-24 中，在柱左方之外 1000mm 的分布筋转换为受力钢筋，在右侧上拐点以右 1000mm 的分布筋转换为受力钢筋。转换后的受力钢筋锚固长度为 l_a，与原来的分布筋搭接，搭接长度为 150mm。

图 2-25、图 2-26 中，条形基础底板呈阶梯形上升状，基础底板分布筋垂直上弯，受力筋置于内侧。

2.2.3 基础梁端部外伸部位钢筋排布构造

2.2.3.1 梁板式筏形基础梁端部等截面外伸钢筋排布构造

梁板式筏形基础梁端部等截面外伸钢筋排布构造如图 2-27 所示。

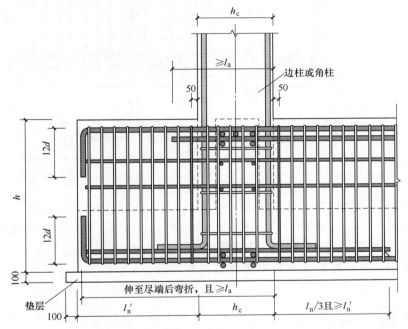

图 2-27 梁板式筏形基础梁端部等截面外伸钢筋排布构造

l_a—受拉钢筋锚固长度值；l_n—边跨净跨度值；l_n'—柱外侧边缘至梁外伸端的距离；
h_c—沿基础梁跨度方向的柱截面高度；d—钢筋直径；h—基础梁高度

（1）梁顶部上排贯通纵筋伸至尽端内侧弯折 $12d$；顶部下排贯通纵筋不伸入外伸部位。

（2）梁底部上排非贯通纵筋伸至端部截断；底部下排非贯通纵筋伸至尽端内侧弯折 $12d$，从支座中心线向跨内的延伸长度为 $l_n/3 + h_c/2$。

（3）梁底部贯通纵筋伸至尽端内侧弯折 $12d$。

注：当从柱内边算起的梁端部外伸长度不满足直锚要求时，基础梁下部钢筋应伸至端部后弯折，且从外柱内边算起水平段长度不小于 $0.6l_{ab}$，弯折段长度为 $15d$。

2.2.3.2 梁板式筏形基础梁端部变截面外伸钢筋排布构造

梁板式筏形基础梁端部变截面外伸钢筋排布构造如图 2-28 所示。

（1）梁顶部上排贯通纵筋伸至尽端内侧弯折 $12d$；顶部下排贯通纵筋不伸入外伸部位。

（2）梁底部上排非贯通纵筋伸至端部截断；底部下排非贯通纵筋伸至尽端内侧弯折 $12d$，从支座中心线向跨内的延伸长度为 $l_n/3 + h_c/2$。

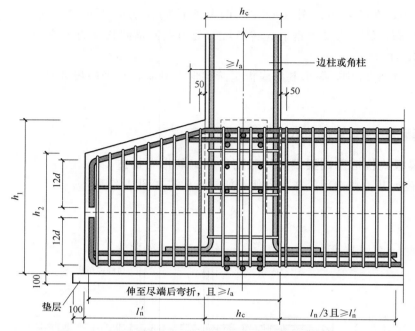

图 2-28 梁板式筏形基础梁端部变截面外伸钢筋排布构造

l_a—受拉钢筋锚固长度；l_n—边跨净跨度值；l_n'—柱外侧边缘至梁外伸端的距离；

h_c—沿基础梁跨度方向的柱截面高度；d—钢筋直径；h_1—根部截面高度；h_2—尽端截面高度

（3）梁底部贯通纵筋伸至尽端内侧弯折 $12d$。

注：当从柱内边算起的梁端部外伸长度不满足直锚要求时，基础梁下部钢筋应伸至端部后弯折，且从外柱内边算起水平段长度不小于 $0.6l_{ab}$，弯折段长度为 $15d$。

2.2.3.3 端部无外伸基础梁与柱节点钢筋排布构造

端部无外伸基础梁与柱节点钢筋排布构造如图 2-29 所示。

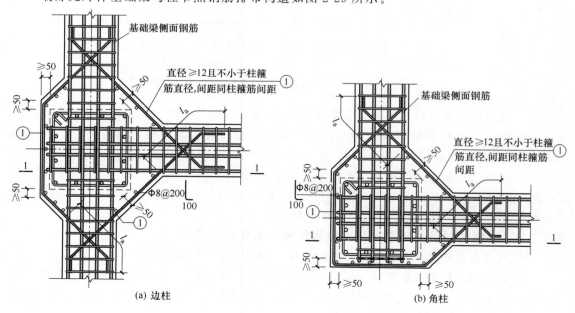

(a) 边柱

(b) 角柱

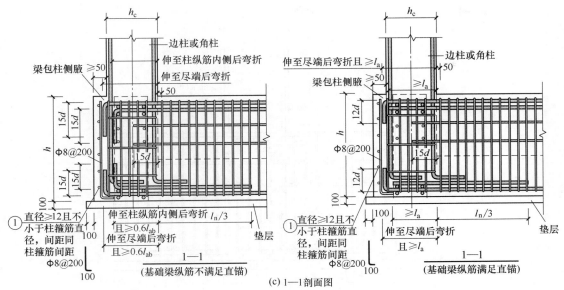

图 2-29　端部无外伸基础梁与柱节点钢筋排布构造

l_a—受拉钢筋锚固长度；h_c—沿基础梁跨度方向的柱截面高度；d—钢筋直径；
h—基础梁高度；l_{ab}—受拉钢筋基本锚固长度；l_n—边跨净跨度值

（1）节点区域内箍筋设置同梁端箍筋设置。

（2）基础梁相交处的交叉钢筋的位置关系，应按具体设计要求设置。

（3）基础梁侧面钢筋如果设计标明为抗扭钢筋时，自柱边开始伸入支座的锚固长度不小于 l_a；当直锚长度不够时，其做法同基础梁上部纵筋。

（4）柱部分插筋的保护层厚度不大于 $5d$（d 为锚固钢筋的最大直径）的部位应插空补充锚固区横向钢筋。所补充钢筋的形式同图 2-29 中基础梁侧腋部位横向构造钢筋①，且应满足直径不小于 $d/4$（d 为纵筋最大直径），包括①在内的所有锚固区横向钢筋间距不大于 $5d$（d 为纵筋最小直径）且不大于 100mm 的要求。

2.2.3.4　条形基础梁端部等截面外伸钢筋排布构造

条形基础梁端部等截面外伸钢筋排布构造如图 2-30 所示。

（1）梁顶部上排贯通纵筋伸至尽端内侧弯折 $12d$；顶部下排贯通纵筋不伸入外伸部位。

（2）梁底部下排非贯通纵筋伸至尽端内侧弯折 $12d$，从支座中心线向跨内的延伸长度为 $h_c/2+l'_n$。

（3）梁底部贯通纵筋伸至尽端内侧弯折 $12d$。

注：当从柱内边算起的梁端部外伸长度不满足直锚要求时，基础梁下部钢筋应伸至端部后弯折，且从外柱内边算起水平段长度不小于 $0.6l_{ab}$，弯折段长度为 $15d$。

2.2.3.5　条形基础梁端部变截面外伸钢筋排布构造

条形基础梁端部变截面外伸钢筋排布构造如图 2-31 所示。

（1）梁顶部上排贯通纵筋伸至尽端内侧弯折 $12d$；顶部下排贯通纵筋不伸入外伸部位。

（2）梁底部下排非贯通纵筋伸至尽端内侧弯折 $12d$，从支座中心线向跨内的延伸长度为 $h_c/2+l'_n$。

（3）梁底部贯通纵筋伸至尽端内侧弯折 $12d$。

注：当从柱内边算起的梁端部外伸长度不满足直锚要求时，基础梁下部钢筋应伸至端部后弯折，且从外柱内边算起水平段长度不小于 $0.6l_{ab}$，弯折段长度为 $15d$。

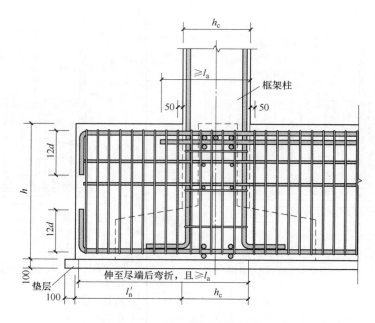

图 2-30 条形基础梁端部等截面外伸钢筋排布构造

l_a—受拉钢筋锚固长度；l_n'—柱外侧边缘至梁外伸端的距离；

h_c—沿基础梁跨度方向的柱截面高度；d—钢筋直径；h—基础梁高度

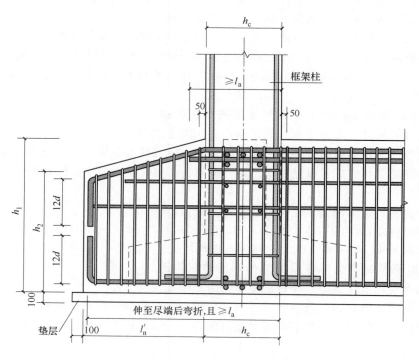

图 2-31 条形基础梁端部变截面外伸钢筋排布构造

l_a—受拉钢筋锚固长度；l_n'—柱外侧边缘至梁外伸端的距离；h_c—沿基础梁跨度方向的柱截面高度；

d—钢筋直径；h_1—根部截面高度；h_2—尽端截面高度

2.2.4 基础梁变截面部位钢筋排布构造

2.2.4.1 支座两侧无高差时

基础梁支座两侧无高差时钢筋排布构造如图 2-32 所示。

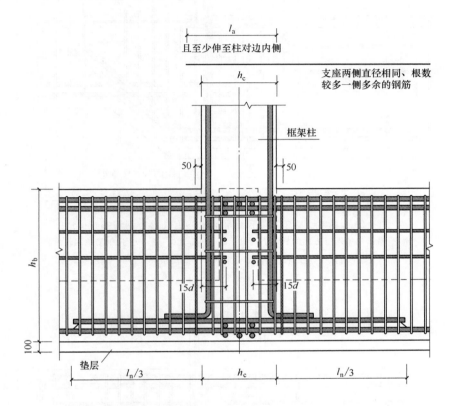

图 2-32 基础梁支座两侧无高差时钢筋排布构造

h_c—沿基础梁跨度方向的柱截面高度；d—钢筋直径；h_b—基础梁高度；
l_a—受拉钢筋锚固长度；l_n—支座两侧净跨度的较大值

2.2.4.2 支座两侧顶部和底部均有高差时

基础梁支座两侧顶部和底部均有高差时钢筋排布构造如图 2-33 所示。

2.2.4.3 梁底有高差时

基础梁梁底有高差时钢筋排布构造如图 2-34 所示。

2.2.4.4 支座两侧梁宽不同时

基础梁支座两侧梁宽不同时钢筋排布构造如图 2-35 所示。

2.2.5 基础梁与柱结合部侧腋钢筋排布构造

基础梁与柱结合部侧腋钢筋排布构造如图 2-36 所示。

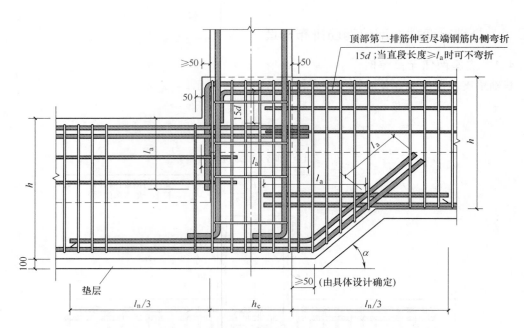

图 2-33　基础梁支座两侧顶部和底部均有高差时钢筋排布构造

h_c—沿基础梁跨度方向的柱截面高度；d—钢筋直径；l_a—受拉钢筋锚固长度；

l_n—支座两侧净跨度的较大值；α—梁（板）底高差坡度；h—基础梁高度

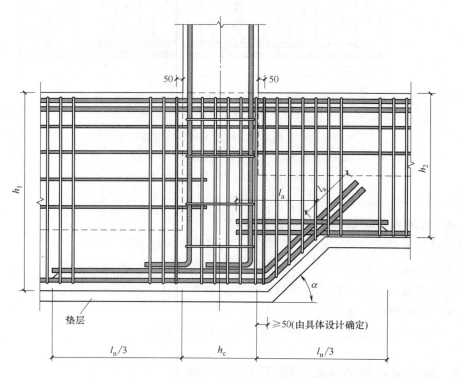

图 2-34　基础梁梁底有高差时钢筋排布构造

h_c—沿基础梁跨度方向的柱截面高度；l_a—受拉钢筋锚固长度；l_n—支座两侧净跨度的较大值；

α—梁（板）底高差坡度；h_1、h_2—基础梁高度

宽出部位的各排纵筋:
当直锚长度≥l_a时可不弯折;
当不满足直锚条件时,需伸至尽端
钢筋内侧弯折15d

图 2-35 基础梁支座两侧梁宽不同时钢筋排布构造

h_c—沿基础梁跨度方向的柱截面高度;d—钢筋直径;l_a—受拉钢筋锚固长度;

l_n—支座两侧净跨度的较大值;h—基础梁高度;l_{ab}—受拉钢筋基本锚固长度

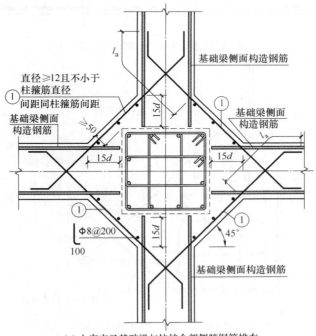

(a) 十字交叉基础梁与柱结合部侧腋钢筋排布

图 2-36

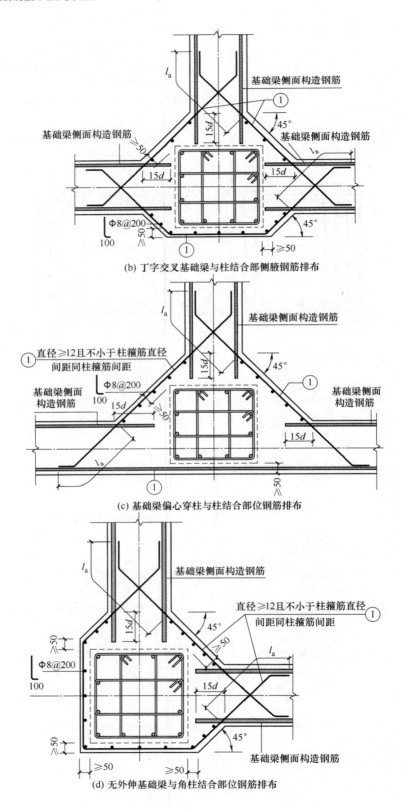

(b) 丁字交叉基础梁与柱结合部侧腋钢筋排布

(c) 基础梁偏心穿柱与柱结合部位钢筋排布

(d) 无外伸基础梁与角柱结合部位钢筋排布

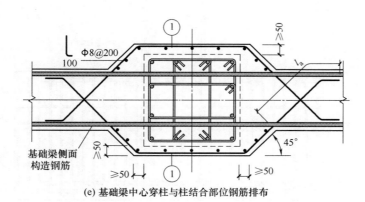

(e) 基础梁中心穿柱与柱结合部位钢筋排布

图 2-36　基础梁与柱结合部侧腋钢筋排布构造

d—钢筋直径；l_a—受拉钢筋锚固长度

（1）当基础主梁比柱宽，而且完全形成梁包柱的情况时，不要执行侧腋构造。

（2）侧腋构造由于柱节点上梁根数的不同，会形成一字形、L形、丁字形、十字形等各种构造形式，其加腋的做法各不相同。

侧腋构造几何尺寸的特点：加腋斜边与水平边的夹角为45°。

侧腋厚度：加腋部分的边沿线与框架柱之间的最小距离为50mm。

（3）基础主梁的侧腋是构造配筋。侧腋钢筋直径不小于12mm且不小于柱箍筋直径，间距同柱箍筋；分布筋为 Φ8@200。

一字形、丁字形节点的直梁侧腋钢筋弯折点距柱边沿50mm。

侧腋钢筋从侧腋拐点向梁内弯锚 l_a（含钢筋端部弯折长度）；当直锚部分长度满足 l_a 时，钢筋端部不弯折（即为直形钢筋）。

（4）柱部分插筋的保护层厚度不大于5d（d为锚固钢筋的最大直径）的部位应插空补充锚固区横向钢筋。所补充钢筋的形式同图 2-36 中基础梁侧腋部位横向构造钢筋①，且应满足直径不小于$d/4$（d为纵筋最大直径）、包括①在内的所有锚固区横向钢筋间距不大于5d（d为纵筋最小直径）且不大于100mm的要求。

（5）加腋纵筋长度为侧腋边长加两端 l_a。

2.3　筏形基础钢筋排布构造

2.3.1　基础次梁变截面部位钢筋排布构造

2.3.1.1　支座两侧无高差时

基础次梁支座两侧无高差时钢筋排布构造如图 2-37 所示。

2.3.1.2　支座两侧顶部和底部均有高差时

基础次梁支座两侧顶部和底部均有高差时钢筋排布构造如图 2-38 所示。

2.3.1.3　梁底有高差时

基础次梁梁底有高差时钢筋排布构造如图 2-39 所示。

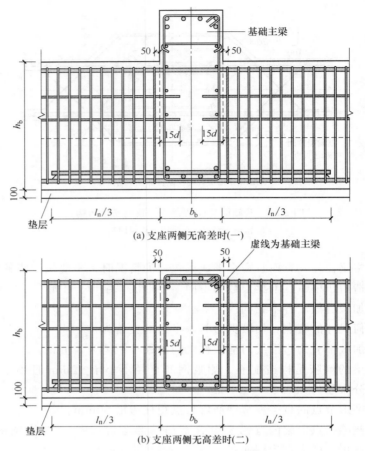

(a) 支座两侧无高差时(一)

(b) 支座两侧无高差时(二)

图2-37　基础次梁支座两侧无高差时钢筋排布构造

b_b—基础次梁截面宽度；d—钢筋直径；h_b—基础梁高度；

l_n—支座两侧净跨度的较大值

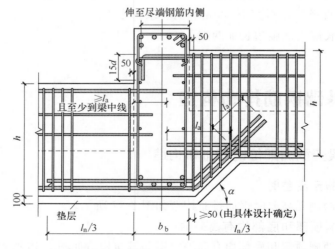

图2-38　基础次梁支座两侧顶部和底部均有高差时钢筋排布构造

b_b—基础次梁截面宽度；d—钢筋直径；l_a—受拉钢筋锚固长度；

l_n—支座两侧净跨度的较大值；$α$—梁（板）底高差坡度；h—基础梁高度

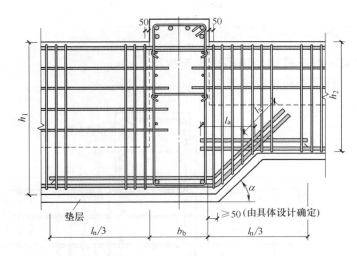

图 2-39 基础次梁梁底有高差时钢筋排布构造

b_b—基础次梁截面宽度；l_a—受拉钢筋锚固长度；l_n—支座两侧净跨度的较大值；

α—梁（板）底高差坡度；h_1、h_2—基础梁高度

2.3.1.4 支座两侧梁宽不同时

基础次梁支座两侧梁宽不同时钢筋排布构造如图 2-40 所示。

宽出部位的各排纵筋：
当直锚长度$\geqslant l_a$时可不弯折；
当不满足直锚条件时，需伸至尽端钢
筋内侧弯折$15d$

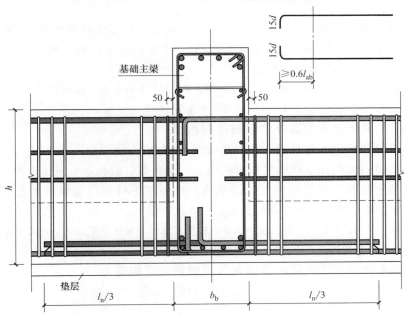

图 2-40 基础次梁支座两侧梁宽不同时钢筋排布构造

b_b—基础次梁截面宽度；d—钢筋直径；l_a—受拉钢筋锚固长度；

l_n—支座两侧净跨度的较大值；h—基础梁高度；l_{ab}—受拉钢筋基本锚固长度

2.3.2　基础次梁端部外伸部位钢筋排布构造

2.3.2.1　基础次梁端部等截面外伸钢筋排布构造

基础次梁端部等截面外伸钢筋排布构造如图2-41所示。

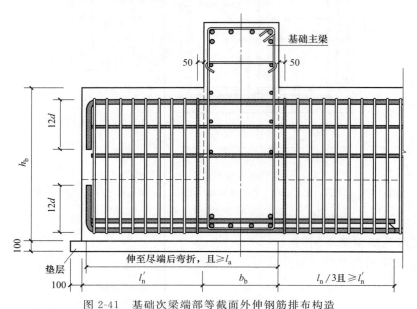

图2-41　基础次梁端部等截面外伸钢筋排布构造

l_a—受拉钢筋锚固长度；l_n—边跨净跨度值；l_n'—柱外侧边缘至梁外伸端的距离；

h_b—基础次梁截面高度；d—钢筋直径；b_b—基础次梁截面宽度

（1）梁顶部贯通纵筋伸至尽端内侧弯折$12d$；梁底部贯通纵筋伸至尽端内侧弯折$12d$。

（2）梁底部上排非贯通纵筋伸至端部截断；底部下排非贯通纵筋伸至尽端内侧弯折$12d$，从支座中心线向跨内的延伸长度为$l_n/3+b_b/2$。

注：当从基础主梁内边算起的外伸长度不满足直锚要求时，基础次梁下部钢筋伸至端部后弯折，且从基础主梁内边算起水平段长度应不小于$0.6l_{ab}$，弯折长度为$15d$。

2.3.2.2　基础次梁端部变截面外伸钢筋排布构造

基础次梁端部变截面外伸钢筋排布构造如图2-42所示。

（1）梁顶部贯通纵筋伸至尽端内侧弯折$12d$；梁底部贯通纵筋伸至尽端内侧弯折$12d$。

（2）梁底部上排非贯通纵筋伸至端部截断；梁底部下排非贯通纵筋伸至尽端内侧弯折$12d$，从支座中心线向跨内的延伸长度为$l_n/3+b_b/2$。

注：当从基础主梁内边算起的外伸长度不满足直锚要求时，基础次梁下部钢筋伸至端部后弯折，且从基础主梁内边算起水平段长度应不小于$0.6l_{ab}$，弯折长度为$15d$。

2.3.2.3　端部无外伸基础次梁与基础梁节点钢筋排布构造

端部无外伸基础次梁与基础梁节点钢筋排布构造如图2-43所示。

2.3.3　梁板式筏形基础平板钢筋排布构造

梁板式筏形基础平板钢筋排布构造如图2-44所示。基础平板同一层面的交叉纵筋，上下位置关系应按具体设计说明设置。

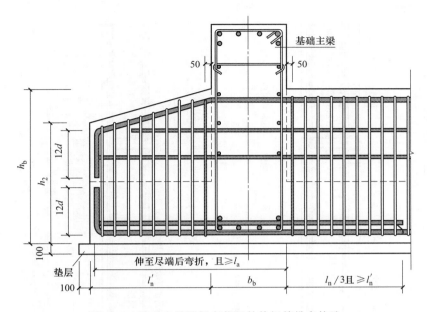

图 2-42　基础次梁端部变截面外伸钢筋排布构造

l_a—受拉钢筋锚固长度；l_n—边跨净跨度值；l'_n—柱外侧边缘至梁外伸端的距离；

h_b—基础次梁截面高度；d—钢筋直径；b_b—基础次梁截面宽度；h_2—尽端截面高度

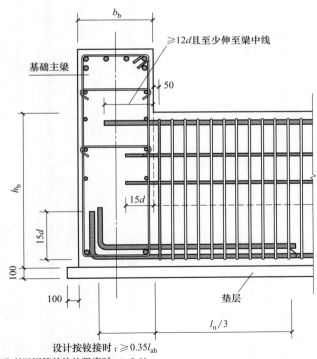

设计按铰接时：$\geqslant 0.35 l_{ab}$

充分利用钢筋的抗拉强度时：$\geqslant 0.6 l_{ab}$

图 2-43　端部无外伸基础次梁与基础梁节点钢筋排布构造

h_b—基础次梁截面高度；b_b—基础次梁截面宽度；d—钢筋直径；

l_{ab}—受拉钢筋基本锚固长度；l_n—边跨净跨度值

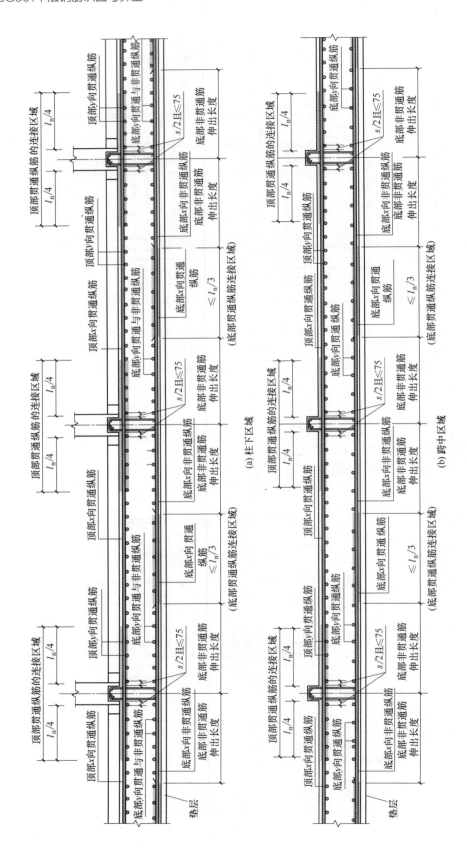

图 2-44 梁板式筏形基础平板钢筋排布构造

l_n—对于顶部纵筋，为支座两侧净跨度的较大值，为支座为边跨两侧净跨度，为板的净跨度，对于底部纵筋，为板的净跨度；s—板纵筋间距

（1）顶部贯通纵筋

① 在连接区内采用搭接、机械连接或焊接。

② 同一连接区段内接头面积百分数不宜大于50%。

③ 当钢筋长度可穿过一连接区到下一连接区并满足要求时，宜穿越设置。

（2）底部非贯通纵筋自梁中心线到跨内的伸出长度应≥$l_n/3$（l_n 是左、右跨跨度值的较大值）。

（3）底部贯通纵筋

① 在基础平板 LPB 内按贯通布置。

②底部贯通纵筋的长度＝跨度－左侧伸出长度－右侧伸出长度≤$l_n/3$（"左、右侧伸出长度"即左、右侧的底部非贯通纵筋伸出长度）。

③ 底部贯通纵筋直径不一致时：当某跨底部贯通纵筋直径大于邻跨时，如果相邻板区板底一平，则应在两毗邻跨中配置较小一跨的跨中连接区内进行连接（即配置较大板跨的底部贯通纵筋须越过板区分界线伸至毗邻板跨的跨中连接区域）。

【例 2-5】 计算如图 2-45 所示 LPB01 中的钢筋预算量。

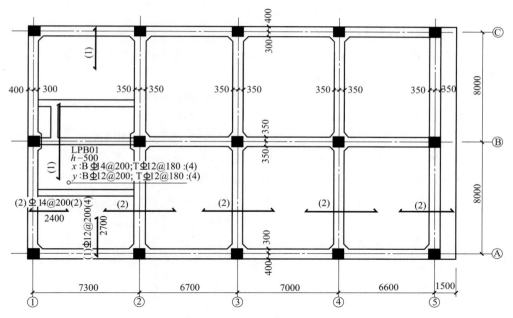

图 2-45 LPB01 平法施工图

注：外伸端采用 U 形封边构造，U 形钢筋为 $\Phi20@300$，封边处侧部构造筋为 $2\Phi8$。

【解】 保护层厚为40mm，锚固长度 $l_a=29d$，不考虑接头。

（1）x 向板底贯通纵筋 $\Phi14@200$

左端无外伸，底部贯通纵筋伸至端部弯折 $15d$；右端外伸，采用 U 形封边方式，底部贯通纵筋伸至端部弯折 $12d$。

长度＝$7300+6700+7000+6600+1500+400-2\times40+15d+12d$

   ＝$7300+6700+7000+6600+1500+400-2\times40+15\times14+12\times14=29798$（mm）

接头个数＝$29798/9000-1=3$（个）

根数＝$(8000\times2+800-100\times2)/200+1=84$（根）

注：取配置较大方向的底部贯通纵筋，即 x 向贯通纵筋满铺，计算根数时不扣除基础梁所占宽度。

（2）y 向板顶贯通纵筋 Φ12@200

两端无外伸，底部贯通纵筋伸至端部弯折 $15d$。

长度 $=8000\times2+2\times400-2\times40+2\times15d$

　　　$=8000\times2+2\times400-2\times40+2\times15\times12=17080$（mm）

接头个数 $=17080/9000-1=1$（个）

根数 $=(7300+6700+7000+6600+1500-2750)/200+1=133$（根）

（3）x 向板顶贯通纵筋 Φ12@180

左端无外伸，顶部贯通纵筋锚入梁内长度为 max（$12d$，0.5梁宽）；右端外伸，采用 U 形封边方式，底部贯通纵筋伸至端部弯折 $12d$。

长度 $=7300+6700+7000+6600+1500+400-2\times40+\max(12d,350)+12d$

　　　$=7300+6700+7000+6600+1500+400-2\times40+\max(12\times12,350)+12\times12$

　　　$=29914$（mm）

接头个数 $=29914/9000-1=3$（个）

根数 $=(8000\times2-600-700)/180+1=83$（根）

（4）y 向板顶贯通纵筋 Φ12@180

长度与 y 向板底部贯通纵筋相同；两端无外伸，底部贯通纵筋伸至端部弯折 $15d$。

长度 $=8000\times2+2\times400-2\times40+2\times15d$

　　　$=8000\times2+2\times400-2\times40+2\times15\times12=17080$（mm）

接头个数 $=17080/9000-1=1$（个）

根数 $=(7300+6700+7000+6600+1500-2750)/180+1=148$（根）

（5）（2）号板底部非贯通纵筋 Φ12@200（①轴）

左端无外伸，底部贯通纵筋伸至端部弯折 $15d$。

长度 $=2400+400-40+15d=2400+400-40+15\times12=2940$（mm）

根数 $=(8000\times2+800-100\times2)/200+1=84$（根）

（6）（2）号板底部非贯通纵筋 Φ14@200（②、③、④轴）

长度 $=2400\times2=4800$（mm）

根数 $=(8000\times2+800-100\times2)/200+1=84$（根）

（7）（2）号板底部非贯通纵筋 Φ12@200（⑤轴）

右端外伸，采用 U 形封边方式，底部贯通纵筋伸至端部弯折 $12d$。

长度 $=2400+1500-40+12d=2400+1500-40+12\times12=4004$（mm）

根数 $=(8000\times2+800-100\times2)/200+1=84$（根）

（8）（1）号板底部非贯通纵筋 Φ12@200（Ⓐ、Ⓒ轴）

长度 $=2700+400-40+15d=2700+400-40+15\times12=3240$（mm）

根数 $=(7300+6700+7000+6600+1500-2750)/200+1=133$（根）

（9）（1）号板底部非贯通纵筋 Φ12@200（Ⓑ轴）

长度 $=2700\times2=5400$（mm）

根数 $=(7300+6700+7000+6600+1500-2750)/200+1=133$（根）

（10）U 形封边筋 Φ20@300

长度＝板厚－上下保护层厚度＋$2\times12d$＝$500-40\times2+2\times12\times20$＝900（mm）

根数＝$(8000\times2+800-2\times40)/300+1$＝57（根）

（11）U形封边侧部构造筋 4Φ8

长度＝$8000\times2+400\times2-2\times40$＝16720（mm）

构造搭接个数＝$16720/9000-1$＝1（个）

构造搭接长度＝150（mm）

2.3.4　梁板式筏形基础平板端部与外伸部位钢筋排布构造

2.3.4.1　端部等截面外伸

梁板式筏形基础平板端部等截面外伸部位钢筋排布构造如图 2-46 所示。

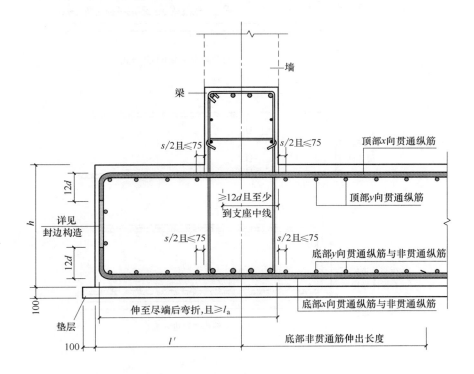

图 2-46　梁板式筏形基础平板端部等截面外伸部位钢筋排布构造

l_a—受拉钢筋锚固长度；l'—筏板底部非贯通纵筋伸出长度；

d—钢筋直径；h—基础平板截面高度；s—板钢筋间距

（1）顶部贯通纵筋伸至端部弯折 $12d$。

（2）根数：根据距梁边起步距离、箍筋间距及基础长度可求出根数。距梁边起步距离＝$\max(s/2，75)$。

（3）底部贯通纵筋伸至端部弯折 $12d$。

（4）板的封边构造如图 2-47 所示。

2.3.4.2　端部变截面外伸

梁板式筏形基础平板端部变截面外伸部位钢筋排布构造如图 2-48 所示。

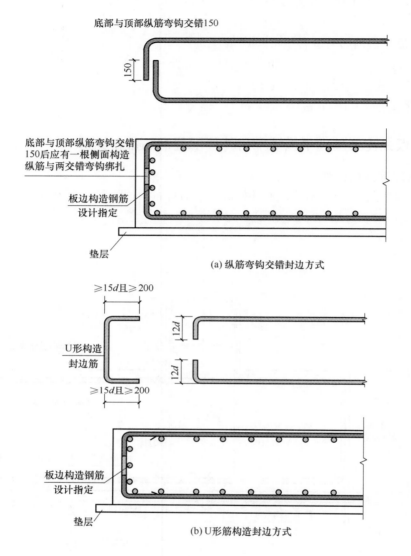

图 2-47 板的封边构造

d—钢筋直径

（1）顶部贯通纵筋伸至端部弯折 $12d$，锚入梁内长度$\geqslant 12d$ 且至少到梁中线。

（2）根数：根据距梁边起步距离、箍筋间距及基础长度可求出根数。距梁边起步距离＝$\max(s/2, 75)$。

（3）底部贯通纵筋伸至端部弯折 $12d$。

（4）板的封边构造如图 2-47 所示。

2.3.4.3 端部无外伸

梁板式筏形基础平板端部无外伸部位钢筋排布构造如图 2-49 所示。

（1）底部贯通纵筋伸至端部弯折 $15d$。

（2）根数：根据距梁边起步距离、箍筋间距及基础长度可求出根数。距梁边起步距离＝$\max(s/2, 75)$。

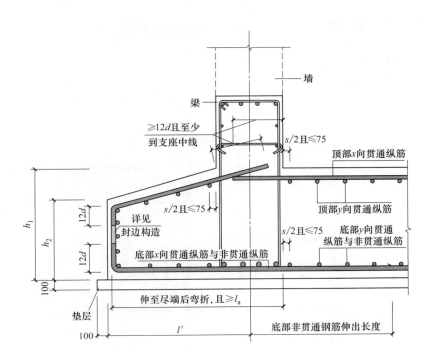

图 2-48 梁板式筏形基础平板端部变截面外伸部位钢筋排布构造

d—钢筋直径；l_a—受拉钢筋锚固长度；l'—伸出部位端部至边柱柱列中线距离；

h_1—根部截面高度；h_2—尽端截面高度；s—板钢筋间距

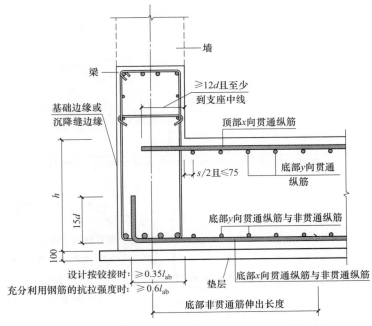

图 2-49 梁板式筏形基础平板端部无外伸部位钢筋排布构造

h—基础平板截面高度；d—钢筋直径；l_{ab}—受拉钢筋基本锚固长度；s—板钢筋间距

2.3.5 梁板式筏形基础平板变截面部位钢筋排布构造

2.3.5.1 板顶有高差

板顶有高差排布构造如图 2-50 所示。

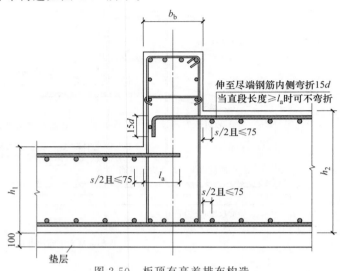

图 2-50 板顶有高差排布构造

d—钢筋直径；l_a—受拉钢筋锚固长度；h_1—根部截面高度；h_2—尽端截面高度；s—板钢筋间距；b_b—板的截面宽度

（1）顶部贯通纵筋伸至端部弯折 $15d$，当直线段长度 $\geq l_a$ 时可不弯折。

（2）根数：根据距梁边起步距离、箍筋间距及基础长度可求出根数。距梁边起步距离＝$\max(s/2，75)$。

2.3.5.2 板底有高差

板底有高差排布构造如图 2-51 所示。

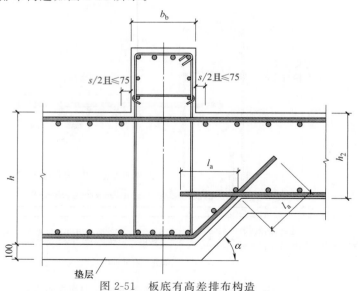

图 2-51 板底有高差排布构造

l_a—受拉钢筋锚固长度；h—根部截面高度；h_2—尽端截面高度；s—板钢筋间距；
b_b—板的截面宽度；α—板底高差坡度

（1）根数：根据距梁边起步距离、箍筋间距及基础长度可求出根数。距梁边起步距离＝$\max(s/2, 75)$。

（2）底部贯通纵筋，锚固l_a。

2.3.5.3 板顶、板底均有高差

板顶、板底均有高差排布构造如图 2-52 所示。

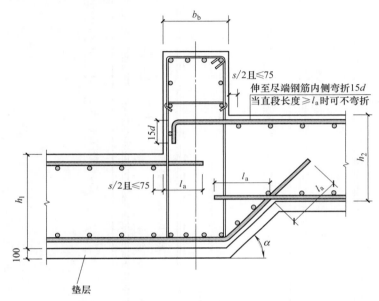

图 2-52　板顶、板底均有高差排布构造

d—钢筋直径；l_a—受拉钢筋锚固长度；h_1—根部截面高度；h_2—尽端截面高度；

s—板钢筋间距；b_b—板的截面宽度；α—板底高差坡度

（1）顶部贯通纵筋伸至端部弯折 $15d$，当直线段长度$\geqslant l_a$ 时可不弯折。

（2）根数：根据距梁边起步距离、箍筋间距及基础长度可求出根数。距梁边起步距离＝$\max(s/2, 75)$。

（3）底部贯通纵筋，锚固l_a。

2.3.6 平板式筏形基础钢筋排布构造

2.3.6.1 平板式筏形基础柱下板带与跨中板带纵向钢筋排布构造

平板式筏形基础相当于倒置的无梁楼盖。理论上，平板式筏形基础有条件划分板带时，可划分为柱下板带（ZXB）和跨中板带（KZB）两种；无条件划分板带时，按平板式筏形基础平板（BPB）考虑。

柱下板带和跨中板带纵向钢筋排布构造如图 2-53 所示。

（1）底部非贯通纵筋由设计注明。

（2）底部贯通纵筋连接区长度＝跨度－左侧延伸长度－右侧延伸长度。

（3）顶部贯通纵筋按全长贯通布置，顶部贯通纵筋的连接区的长度为正交方向柱下板带的宽度。

2.3.6.2 平板式筏形基础平板钢筋排布构造

（1）平板式筏形基础平板钢筋排布构造（柱下区域）如图 2-54 所示。

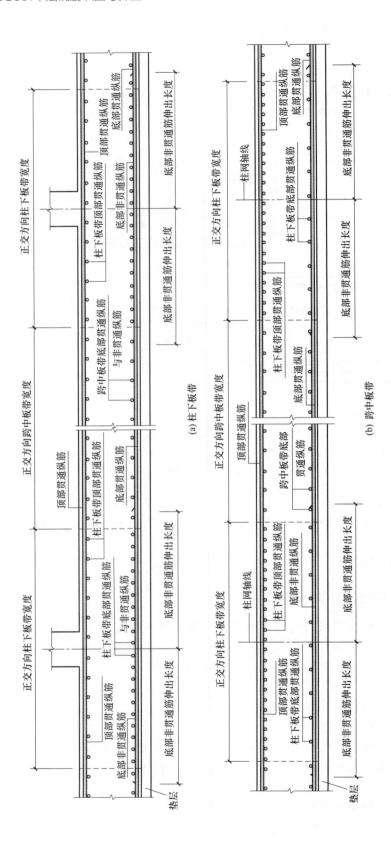

图 2-53 柱下板带和跨中板带纵向钢筋排布构造

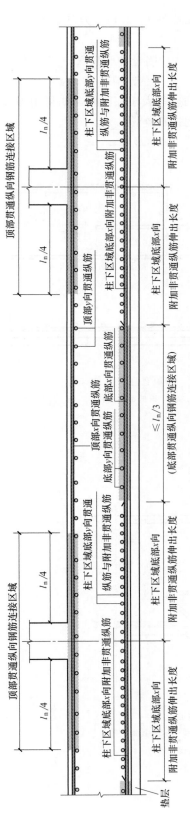

图 2-54　平板式筏形基础平板钢筋排布构造（柱下区域）

l_n—支座两侧净跨度的较大值，边支座为边跨净跨度

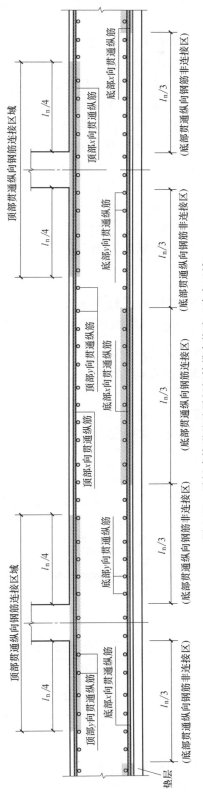

图 2-55　平板式筏形基础平板钢筋排布构造（跨中区域）

l_n—支座两侧净跨度的较大值，边支座为边跨净跨度

① 底部附加非贯通纵筋自梁中线到跨内的伸出长度$\geq l_n/3$（l_n为基础平板的轴线跨度）。

② 底部贯通纵筋连接区长度＝跨度－左侧延伸长度－右侧延伸长度$\leq l_n/3$（左、右侧延伸长度即左、右侧的底部非贯通纵筋延伸长度）。

当底部贯通纵筋直径不一致时，当某跨底部贯通纵筋直径大于邻跨时，如果相邻板区板底一平，则应在两毗邻跨中配置较小一跨的跨中连接区内进行连接。

③ 顶部贯通纵筋按全长贯通设置，连接区的长度为正交方向的柱下板带宽度。

④ 跨中部位为顶部贯通纵筋的非连接区。

（2）平板式筏形基础平板钢筋排布构造（跨中区域）如图2-55所示。

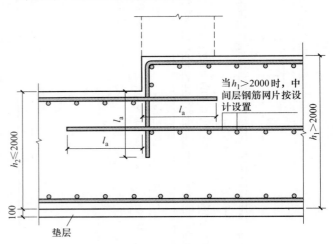

2.3.7 平板式筏形基础平板变截面部位钢筋排布构造

2.3.7.1 板顶有高差

板顶有高差排布构造如图2-56所示。

图 2-56 板顶有高差排布构造

l_a—受拉钢筋锚固长度；h_1—根部截面高度；h_2—尽端截面高度

2.3.7.2 板底有高差

板底部有高差排布构造如图2-57所示。

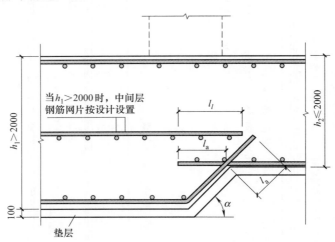

图 2-57 板底有高差排布构造

l_a—受拉钢筋锚固长度；h_1—根部截面高度；h_2—尽端截面高度；
l_l—纵向受拉钢筋搭接长度；α—板底高差坡度

2.3.7.3 板顶、板底均有高差

板顶、板底均有高差排布构造如图2-58所示。

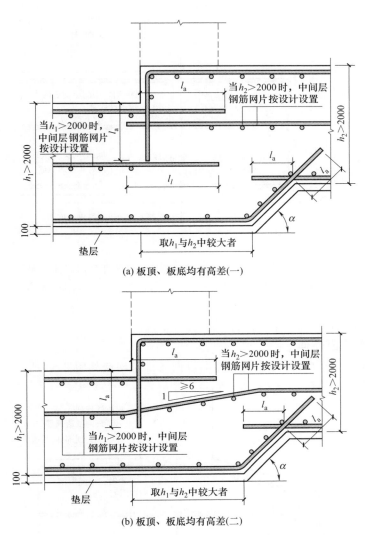

(a) 板顶、板底均有高差(一)

(b) 板顶、板底均有高差(二)

图 2-58　板顶、板底均有高差排布构造

l_a—受拉钢筋锚固长度；h_1—根部截面高度；h_2—尽端截面高度；

l_l—纵向受拉钢筋搭接长度；α—板底高差坡度

2.3.8　平板式筏形基础平板端部和外伸部位钢筋排布构造

2.3.8.1　端部等截面外伸

平板式筏形基础平板端部等截面外伸部位钢筋排布构造如图 2-59 所示。

（1）当端部等截面外伸时，板顶部钢筋伸至尽端后弯折，弯折长度为 $12d$；板底部钢筋伸至尽端后弯折，弯折长度为 $12d$，筏板底部非贯通纵筋伸出长度 l' 应由具体工程设计确定。

（2）筏板中间层钢筋的连接要求与受力钢筋相同。

（3）基础平板同一层面交叉纵向钢筋，何向纵筋在上，何向纵筋在下，应按具体设计说明设置。当设计未作说明时，应按板跨长度将短跨方向的钢筋置于板厚外侧，另一方向的钢筋置于板厚内侧。

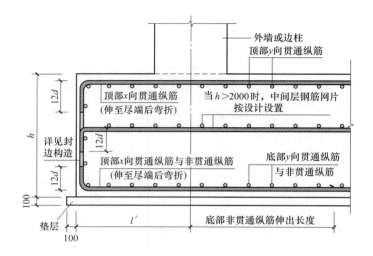

图 2-59 平板式筏形基础平板端部等截面外伸部位钢筋排布构造

l'—筏板底部非贯通纵筋伸出长度；d—钢筋直径；h—基础平板截面高度

（4）板的封边构造如图 2-47 所示。

2.3.8.2 端部变截面外伸

平板式筏形基础平板端部变截面外伸部位钢筋排布构造如图 2-60 所示。

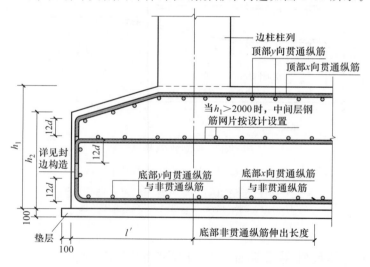

图 2-60 平板式筏形基础平板端部变截面外伸部位钢筋排布构造

d—钢筋直径；l'—伸出部位端部至边柱柱列中线距离；h_1—根部截面高度；h_2—尽端截面高度

（1）筏板底部非贯通纵筋伸出长度 l' 应由具体工程设计确定。

（2）筏板中间层钢筋的连接要求与受力钢筋相同。

（3）基础平板同一层面交叉纵向钢筋，何向纵筋在上，何向纵筋在下，应按具体设计说明设置。当设计未作说明时，应按板跨长度将短跨方向的钢筋置于板厚外侧，另一方向的钢筋置于板厚内侧。

（4）板的封边构造如图 2-47 所示。

2.3.8.3　端部无外伸

平板式筏形基础平板端部无外伸部位钢筋排布构造如图 2-61 所示。

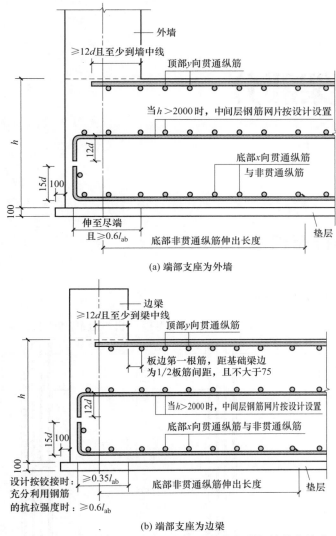

(a) 端部支座为外墙

(b) 端部支座为边梁

图 2-61　平板式筏形基础平板端部无外伸部位钢筋排布构造

h—基础平板截面高度；d—钢筋直径；l_{ab}—受拉钢筋基本锚固长度

（1）端部支座为外墙时，平板式筏形基础平板无外伸部位顶部钢筋直锚入外墙内，锚固长度 $\geqslant 12d$，且至少到墙中线；底部钢筋伸至尽端后弯折，弯折长度为 $12d$，弯折水平段长度 $\geqslant 0.6l_{ab}$ 且至少到墙中线，如图 2-61（a）所示。

（2）端部支座为边梁时，平板式筏形基础平板无外伸部位顶部钢筋直锚入外墙内，锚固长度 $\geqslant 12d$，且至少到梁中线。板的第一根筋，距梁边为 max（$s/2$，75mm）。底部钢筋伸至尽端后弯折，弯折长度为 $12d$，弯折水平段长度从梁内边算起，当设计按铰接时应 $\geqslant 0.35l_{ab}$；当充分利用钢筋抗拉强度时应 $\geqslant 0.6l_{ab}$，如图 2-61（b）所示。

3

框架部分

3.1 柱钢筋排布构造

3.1.1 框架纵向钢筋连接构造

框架柱（KZ）纵筋有三种连接方式：绑扎连接、机械连接和焊接连接，如图 3-1 所示。

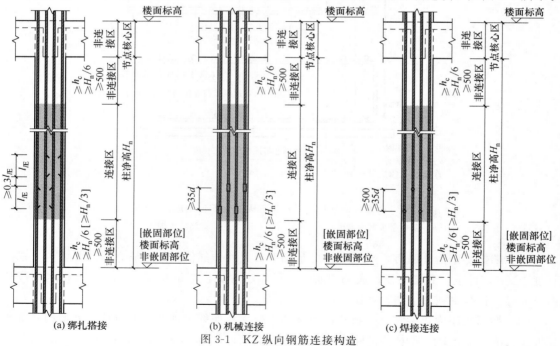

(a) 绑扎搭接　　(b) 机械连接　　(c) 焊接连接

图 3-1　KZ 纵向钢筋连接构造

H_n—所在楼层的柱净高；h_c—柱截面长边尺寸；l_{lE}—纵向受拉钢筋抗震搭接长度；d—纵向受力钢筋的较大直径

（1）柱纵筋的非连接区　所谓"非连接区"，就是柱纵筋不允许在这个区域内进行连接。

① 嵌固部位以上有一个"非连接区"，其长度为 $H_n/3$（H_n 即从嵌固部位到顶板梁底的柱的净高）。

② 楼层梁上下部位的范围形成一个"非连接区"，其长度包括三部分：梁底以下部分、

梁中部分和梁顶以上部分。

a. 梁底以下部分的非连接区长度≥max（$H_n/6$，h_c，500）（H_n 即所在楼层的柱净高；h_c 为柱截面长边尺寸，圆柱为截面直径）。

b. 梁中部分的非连接区长度＝梁的截面高度。

c. 梁顶以上部分的非连接区长度≥max（$H_n/6$，h_c，500）（H_n 即上一楼层的柱净高；h_c 为柱截面长边尺寸，圆柱为截面直径）。

（2）柱相邻纵向钢筋连接接头应相互错开　柱相邻纵向钢筋连接接头相互错开，在同一连接区段内钢筋接头面积百分数不应大于 50%。柱纵向钢筋连接接头相互错开的距离：

① 机械连接接头错开距离≥$35d$；

② 焊接连接接头错开距离≥$35d$ 且≥500mm；

③ 绑扎搭接长度为 l_{lE}，接头错开距离≥$0.3l_{lE}$。

3.1.2　上、下柱钢筋不同时钢筋构造

上柱纵筋比下柱多时见图 3-2（a），上柱纵筋比下柱少时见图 3-2（b），上柱纵筋直径

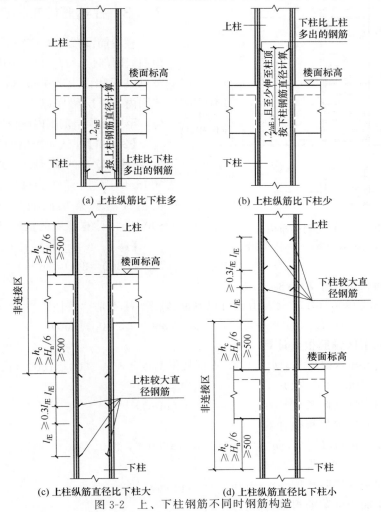

图 3-2　上、下柱钢筋不同时钢筋构造

H_n—所在楼层的柱净高；h_c—柱截面长边尺寸；l_{lE}—纵向受拉钢筋抗震搭接长度；l_{aE}—受拉钢筋抗震锚固长度

比下柱大时见图 3-2（c），上柱纵筋直径比下柱小时见图 3-2（d）。

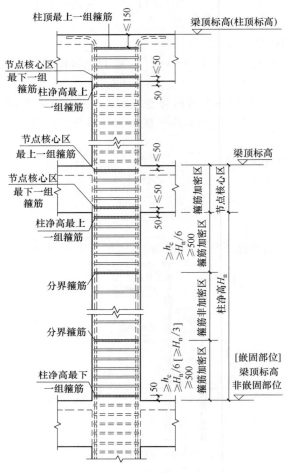

图 3-3 柱箍筋排布构造

H_n—所在楼层的柱净高；h_c—柱截面长边尺寸

（1）上柱钢筋比下柱钢筋根数多时，上层柱多出的钢筋伸入下层 $1.2l_{aE}$（注意起算位置）。

（2）上柱钢筋比下柱钢筋根数少时，下层柱多出的钢筋伸入上层 $1.2l_{aE}$（注意起算位置）。

（3）上柱钢筋比下柱钢筋直径大时，上层较大直径钢筋伸入下层的上端非连接区与下层较小直径的钢筋连接。

（4）上柱钢筋比下柱钢筋直径小时，下层较大直径钢筋伸入上层的上端非连接区与上层较小直径的钢筋连接。

3.1.3 柱箍筋排布构造

柱箍筋排布构造如图 3-3 所示。在基础顶面嵌固部位≥$H_n/3$ 范围内、中间层梁柱节点以下和以上各 $\max(H_n/6, 500, h_c)$ 范围内、顶层梁底以下 $\max(H_n/6, 500, h_c)$ 至屋面顶层范围内应设置箍筋。

【例 3-1】 已知楼层的层高为 4.40m，框架柱 KZ1 的截面尺寸为 800mm × 600mm，箍筋标注为 $\phi10@100/200$，该层顶板的框架梁截面尺寸为 400mm × 800mm。计算楼层的框架柱箍筋根数。

【解】（1）本层楼的柱净高 $H_n =$ 4400－800＝3600（mm）

框架柱截面长边尺寸 h_c＝800mm

H_n/h_c＝3600/800＝4.5＞4，由此可以判断该框架柱不是"短柱"。

加密区长度＝$\max(H_n/6, h_c, 500)$＝$\max$（3600/6，800，500）＝800（mm）

（2）上部加密区箍筋根数计算

加密区长度＝$\max(H_n/6, h_c, 500)$＋框架梁高度＝800＋800＝1600（mm）

根数＝1600/100＝16（根）

所以上部加密区实际长度＝16×100＝1600（mm）

（3）下部加密区箍筋根数计算

加密区长度＝$\max(H_n/6, h_c, 500)$＝$\max$（3600/6，800，500）＝800（mm）

根数＝800/100＝8（根）

所以下部加密区实际长度＝8×100＝800（mm）

（4）中间非加密区箍筋根数计算

非加密区长度＝4400－1600－800＝2000（mm）

根数＝2000/200＝10（根）

（5）本层 KZ1 箍筋根数计算

根数＝16＋8＋10＝34（根）

3.1.4　柱横截面复合箍筋排布构造

柱横截面复合箍筋排布构造如图 3-4 所示。

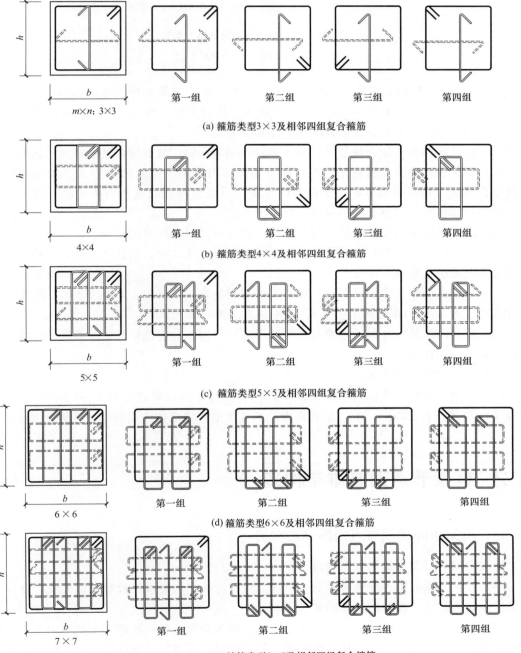

(a) 箍筋类型3×3及相邻四组复合箍筋

(b) 箍筋类型4×4及相邻四组复合箍筋

(c) 箍筋类型5×5及相邻四组复合箍筋

(d) 箍筋类型6×6及相邻四组复合箍筋

(e) 箍筋类型7×7及相邻四组复合箍筋

图 3-4

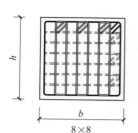 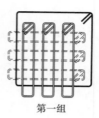 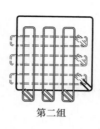 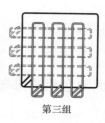 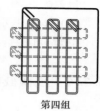

第一组　　　　第二组　　　　第三组　　　　第四组

（f）箍筋类型8×8及相邻四组复合箍筋

图 3-4　柱横截面复合箍筋排布构造

h—截面高度；b—截面宽度

（1）图 3-4 中柱箍筋复合方式标注 $m \times n$ 说明：m 为柱截面横向箍筋肢数；n 为柱截面竖向箍筋肢数。图 3-4 中为 $m = n$ 时的柱截面箍筋排布方案；当 $m \neq n$ 时，可根据图中所示排布规则确定柱截面横向、竖向箍筋的具体排布方案。

（2）柱纵向箍筋、复合箍筋排布应遵循对称均匀原则，箍筋转角处应有纵向钢筋。

（3）柱复合箍筋应采用截面周边外封闭大箍加内封闭小箍的组合方式（大箍套小箍），内部复合箍筋的相邻两肢形成一个内封闭小箍，当复合箍筋的肢数为单数时，设一个单肢箍。沿外封闭箍筋周边箍筋局部重叠不宜多于两层。

（4）图示单肢箍为紧靠箍筋并勾住纵筋，也可以同时勾住纵筋和箍筋。

（5）若在同一组内复合箍筋各肢位置不能满足对称性要求，钢筋绑扎时，沿柱竖向相邻两组箍筋位置应交错对称排布。

（6）柱横截面内部横向复合箍筋应紧靠外封闭箍筋一侧（图 3-4 中为下侧）绑扎，竖向复合箍筋应紧靠外封闭箍筋另一侧（图 3-4 中为上侧）绑扎。

（7）柱封闭箍筋（外封闭大箍与内封闭小箍）弯钩位置应沿柱竖向按顺时针方向（或逆时针方向）顺序排布。

（8）箍筋对纵筋应满足隔一拉一的要求。

（9）框架柱箍筋加密区内的箍筋肢距：一级抗震等级，不宜大于 200mm；二、三级抗震等级，不宜大于 250mm 和 20 倍箍筋直径的较大值；四级抗震等级，不宜大于 300mm。

3.2　框架节点钢筋排布构造

3.2.1　框架中间层端节点钢筋排布构造

框架中间层端节点钢筋排布构造如图 3-5 所示。

（1）弯折锚固的梁各排纵向钢筋均应满足包括弯钩在内的水平投影长度要求，并应在考虑排布躲让因素后，伸至能达到的最长位置处。

（2）节点处弯折锚固的框架梁纵向钢筋的竖向弯折段，如需与相交叉的另一方向框架梁纵向钢筋排布躲让时，当框架柱、框架梁纵筋较少时，可伸至紧靠柱箍筋内侧位置；当梁纵筋较多且无法满足伸至紧靠柱箍筋内侧要求时，可仅将框架梁纵筋伸至柱外侧纵筋内侧，且梁纵筋最外排竖向弯折段与柱外侧纵向钢筋净距宜为 25mm。

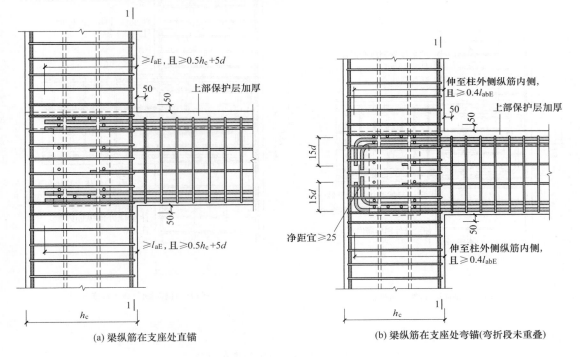

(a) 梁纵筋在支座处直锚　　　　　　　(b) 梁纵筋在支座处弯锚(弯折段未重叠)

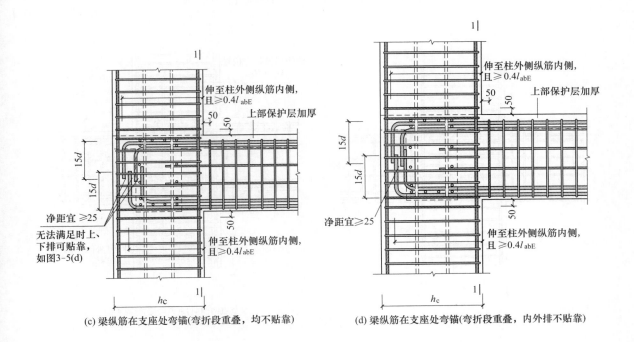

(c) 梁纵筋在支座处弯锚(弯折段重叠，均不贴靠)　　(d) 梁纵筋在支座处弯锚(弯折段重叠，内外排不贴靠)

图 3-5

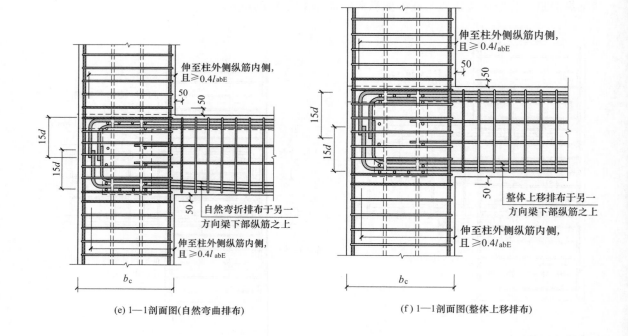

(e) 1—1剖面图(自然弯曲排布)

(f) 1—1剖面图(整体上移排布)

图 3-5 框架中间层端节点钢筋排布构造

l_{abE}—抗震设计时受拉钢筋基本锚固长度；d—钢筋直径；

b_c—端柱宽度；h_c—端柱高度；l_{aE}—受拉钢筋抗震锚固长度

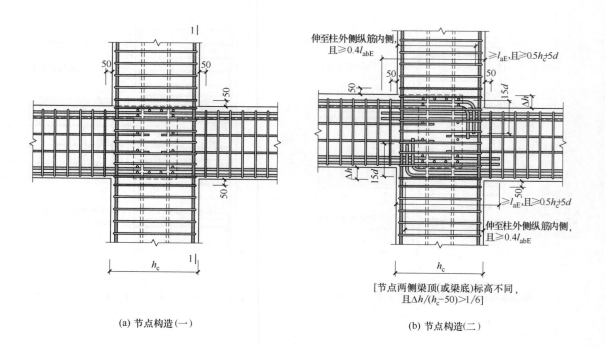

(a) 节点构造(一)

(b) 节点构造(二)

[节点两侧梁顶(或梁底)标高不同，

且$\Delta h/(h_c-50)>1/6$]

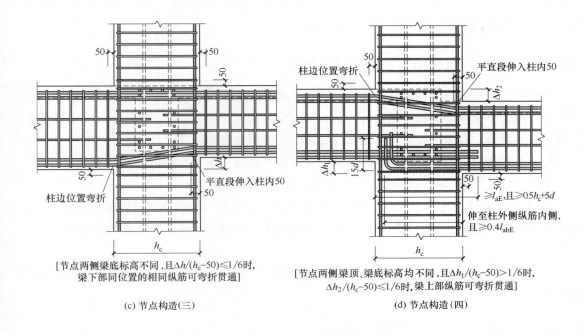

[节点两侧梁底标高不同,且Δh/(h_c−50)≤1/6时,梁下部同位置的相同纵筋可弯折贯通]

(c) 节点构造(三)

[节点两侧梁顶、梁底标高均不同,且Δh_1/(h_c−50)>1/6时,Δh_2/(h_c−50)≤1/6时,梁上部纵筋可弯折贯通]

(d) 节点构造(四)

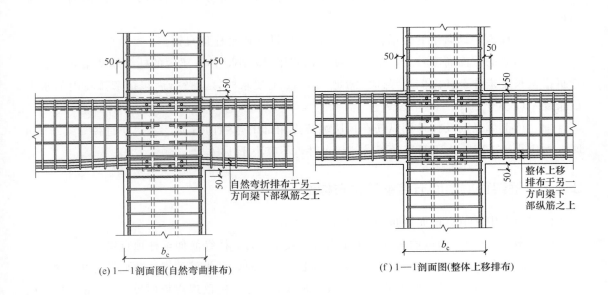

(e) 1—1剖面图(自然弯曲排布)

(f) 1—1剖面图(整体上移排布)

图 3-6　框架中间层中间节点钢筋排布构造

l_{abE}—抗震设计时受拉钢筋基本锚固长度；l_{aE}—受拉钢筋抗震锚固长度；

d—钢筋直径；h_c（b_c）—柱截面宽度；Δh、Δh_1、Δh_2—梁顶、梁底高差

（3）当梁截面较高，梁上、下部纵筋弯折段无重叠时，梁上部（或下部）的各排纵筋竖向弯折段之间宜保持净距25mm；当梁上、下部纵筋弯折段有重叠时，梁上部与下部纵筋的竖向弯折段宜保持净距25mm，也可贴靠设置。

3.2.2 框架中间层中间节点钢筋排布构造

框架中间层中间节点钢筋排布构造如图3-6所示。

（1）当梁侧面纵筋为构造钢筋时，其伸入支座的锚固长度为15d。当在跨内采用搭接连接时，在该搭接位置至少应有一道箍筋同搭接的两根钢筋绑扎。

（2）当梁侧面纵筋为受扭钢筋时，其伸入支座的锚固长度与方式同梁下部纵筋。

① 满足直锚条件时，梁侧面受扭纵筋可直锚 l_{aE}。

② 不满足直锚条件时，弯折锚固的梁侧面纵筋应伸至柱外侧纵向钢筋内侧向横向弯折。当梁上部或下部纵筋也弯折锚固时，梁侧面纵筋应伸至上部或下部弯折锚固纵筋的内侧横向弯折。

（3）梁下部纵向钢筋宜贯穿中间节点，也可在中间节点处锚固；柱纵向钢筋应贯穿中间层节点区。

3.2.3 框架顶层端节点钢筋排布构造

框架顶层端节点钢筋排布构造如图3-7所示。

（1）当梁上部（或下部）纵向钢筋多于一排时，其他纵筋在节点内的构造要求与第一排纵筋相同。

（2）当柱内侧纵向钢筋直锚长度 $\geqslant l_{aE}$ 时，柱纵筋伸至柱顶直锚。

（3）当梁的截面高度较大，梁、柱纵向钢筋相对较小，伸入梁内的柱纵筋从梁底算起的弯折搭接长度未伸至柱内侧边缘即已满足 $1.5l_{abE}$ 的要求时，其弯折后包括弯弧在内的水平段长度不应小于15d。

（4）梁上部纵筋及柱外侧纵筋在顶层端节点角部的弯弧内直径，当钢筋直径 $d \leqslant 25mm$ 时，不应小于12d；当钢筋直径 $d > 25mm$ 时，不应小于16d。

3.2.4 框架顶层中间节点钢筋排布构造

框架顶层中间节点钢筋排布构造如图3-8所示。

（1）图3-8（a）：当截面尺寸不满足直锚长度 l_{aE} 时，柱纵筋伸至柱顶直锚。

（2）图3-8（b）：当截面尺寸不满足直锚长度 l_{aE} 时，柱纵筋伸至柱顶向节点内弯折。

（3）图3-8（c）：当截面尺寸不满足直锚长度 l_{aE} 时，柱顶现浇板厚度 $\geqslant 100mm$ 时，柱纵筋伸至柱顶可向节点外弯折。

（4）图3-8（d）：节点两侧梁底标高不同，且 $\Delta h/(h_c - 50) > 1/6$。

（5）图3-8（e）：节点两侧梁顶标高不同，且 $\Delta h/(h_c - 50) > 1/6$。

（6）图3-8（f）：1—1剖面图。

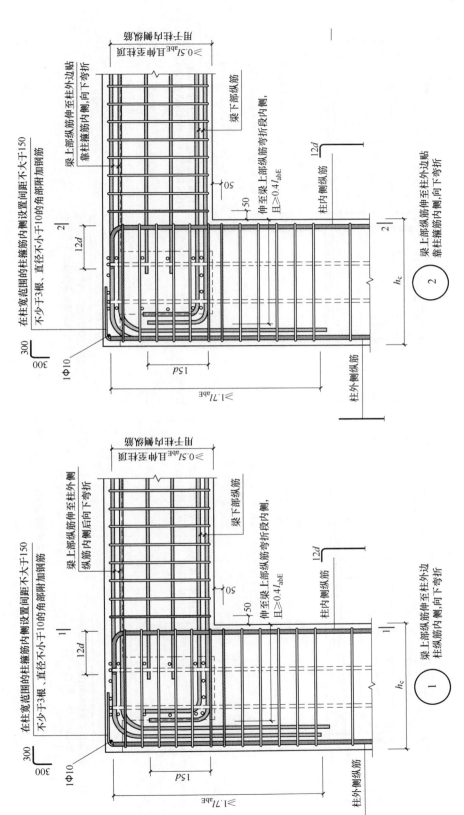

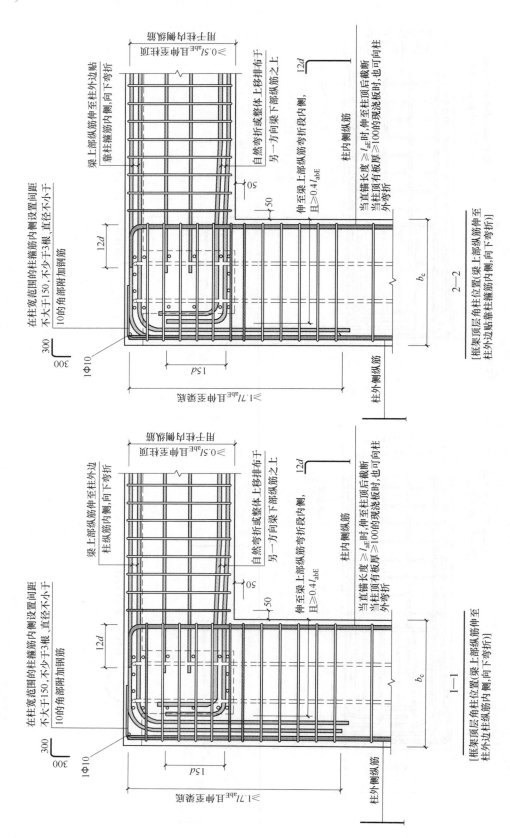

(a) 柱顶外侧搭接方式（梁上部纵筋配筋率≤1.2%）；

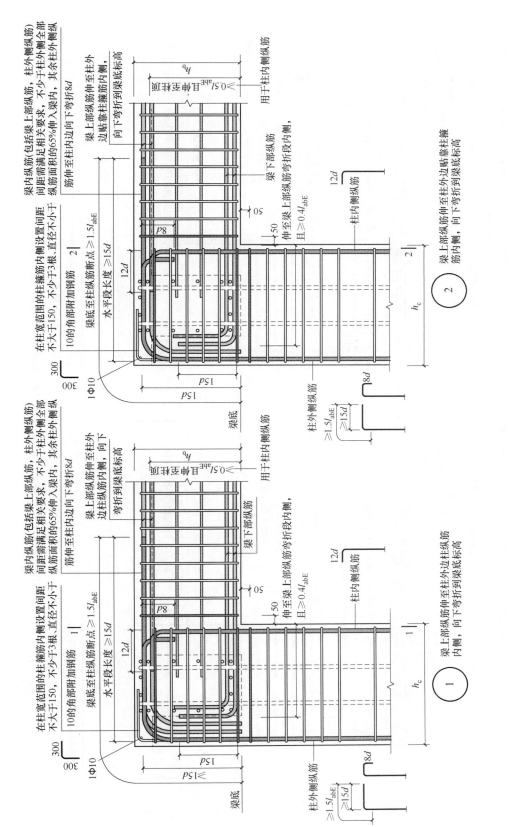

图 3-7

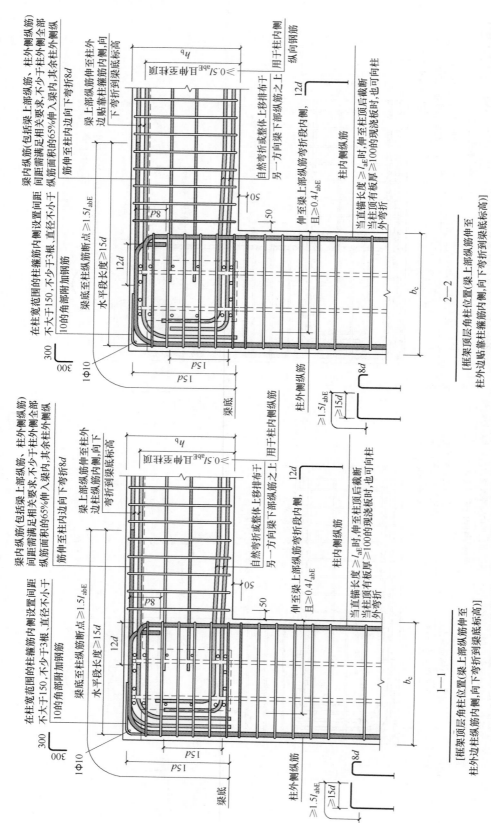

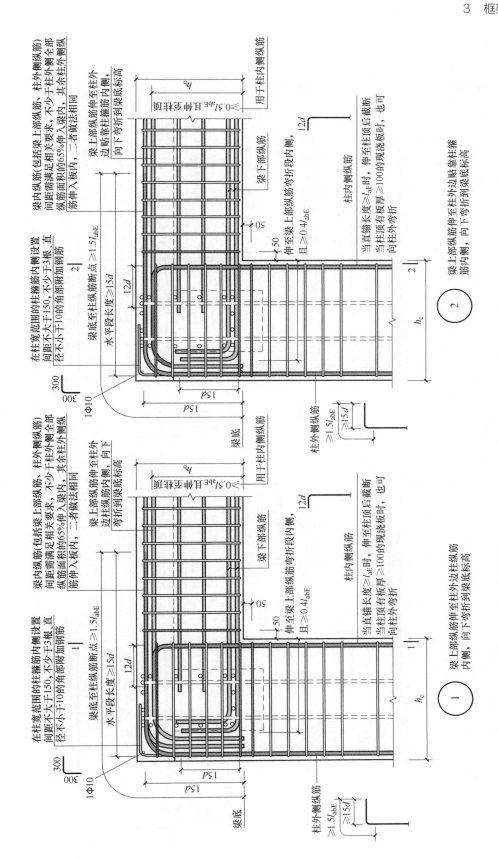

② 梁上部纵筋伸至柱外边贴靠箍筋,向下弯折到梁底标高

① 梁上部纵筋伸至柱外边纵筋内侧,向下弯折到梁底标高

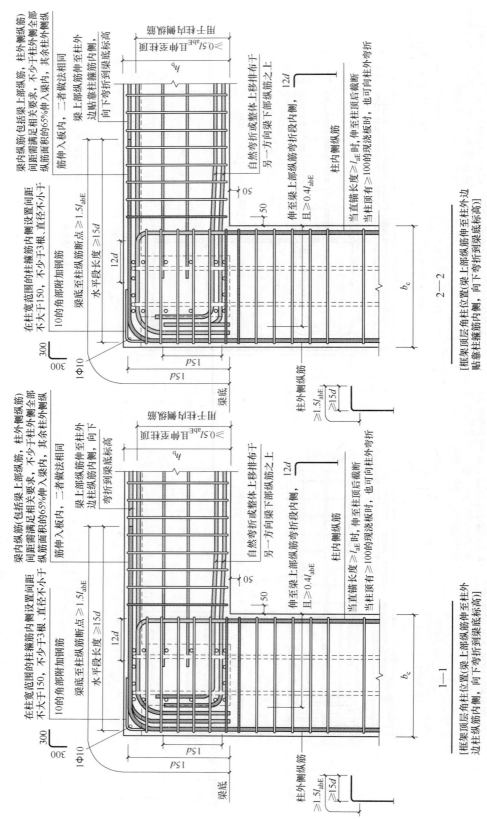

1—1

[框架顶层角柱位置(梁上部纵筋伸至柱外边柱纵筋内侧,向下弯折到梁底标高)]

2—2

[框架顶层角柱位置(梁上部纵筋伸至柱外边贴靠柱箍筋内侧,向下弯折到柱顶现浇板内)]

(c)梁端及顶部搭接方式(柱外侧纵筋配筋率≤1.2%),柱顶现浇板厚度≥100mm时,梁宽范围以外的柱外侧纵筋伸入板内

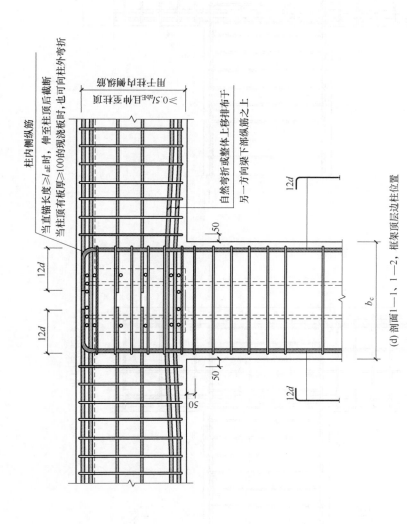

(d) 剖面1—1、1—2，框架顶层边柱位置

图 3-7　框架顶层端节点钢筋排布构造

l_{abE}—抗震设计时受拉钢筋基本锚固长度；l_{aE}—受拉钢筋抗震锚固长度；d—钢筋直径；h_b、h_c（b_c）—梁截面高度、宽度

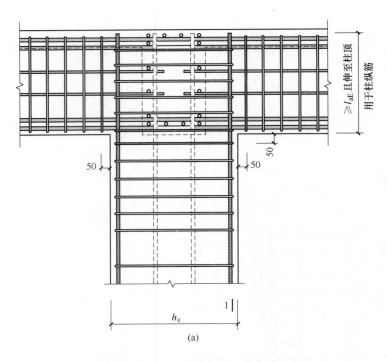

(a)

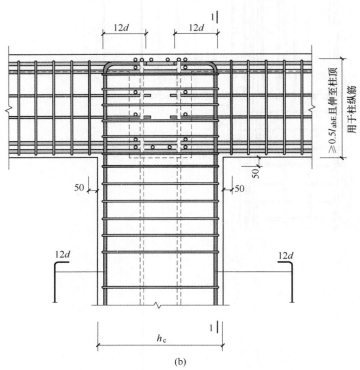

(b)

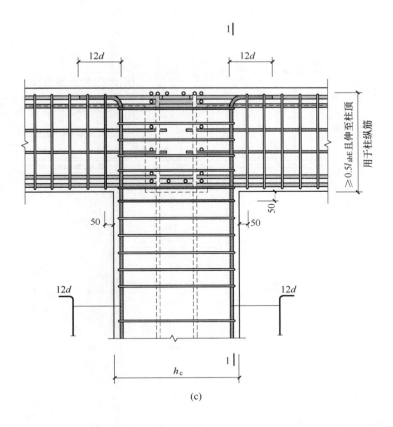

(c)

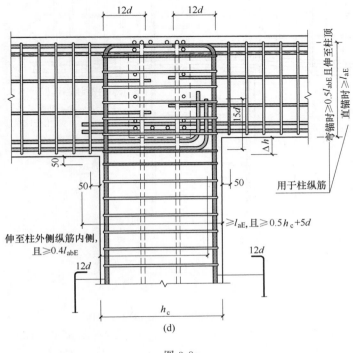

(d)

图 3-8

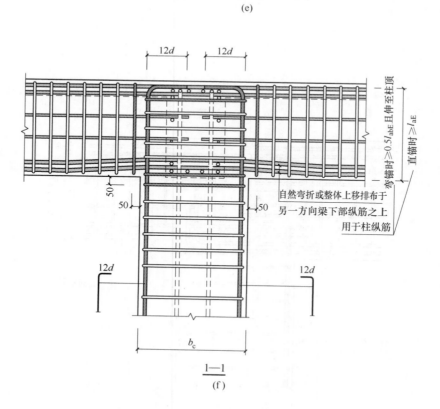

图 3-8　框架顶层中间节点钢筋排布构造

l_{abE}—抗震设计时受拉钢筋基本锚固长度；l_{aE}—受拉钢筋抗震锚固长度；

d—钢筋直径；h_c（b_c）—柱截面宽度；Δh—梁顶、梁底高差

3.3 框架梁钢筋排布构造

3.3.1 梁纵向钢筋连接构造

梁纵向钢筋连接位置如图 3-9 所示。

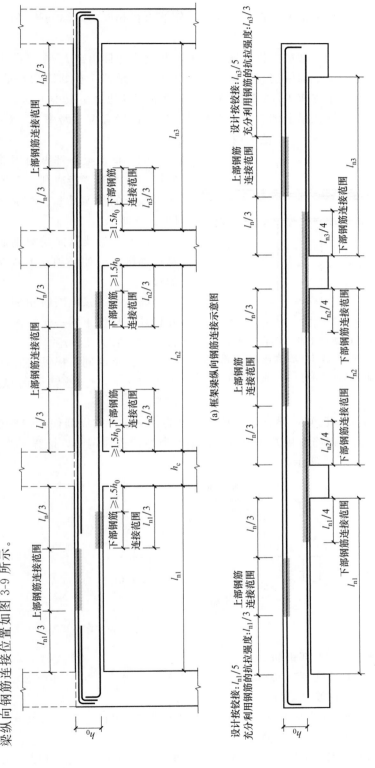

(a) 框架梁纵向钢筋连接示意图

(b) 非框架梁(L、Lg)纵向钢筋连接示意图

图 3-9 梁纵向钢筋连接位置

l_n—支座处左跨 l_{ni} 和右跨 l_{ni+1} 的较大值；l_{n1}、l_{n2}、l_{n3}—边跨的净跨长度；h_c—柱截面沿框架方向的高度；h_b—梁截面高度；h_0—梁截面有效高度

（1）跨度值 l_{ni} 为净跨长度，l_n 为支座处左跨 l_{ni} 和右跨 l_{ni+1} 之较大值，其中 $i=1$，2，3，…

（2）框架梁上部通长钢筋与非贯通钢筋直径相同时，纵筋连接位置宜位于跨中 $l_{ni}/3$ 范围内。

（3）框架梁上部第二排非通长钢筋应从支座边伸出至 $l_n/4$ 位置处。

（4）框架梁下部钢筋宜贯穿节点或支座，可延伸至相邻跨内箍筋加密区以外搭接连接，连接位置宜位于支座 $l_{ni}/3$ 范围内，且距离支座外边缘不应小于 $1.5h_0$。

（5）当非框架梁上部有通长钢筋时，连接位置宜位于跨中 $l_{ni}/3$ 范围内；梁下部钢筋连接位置宜位于支座 $l_{ni}/4$ 范围内。

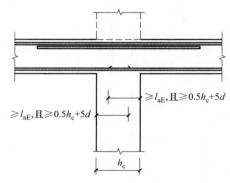

图 3-10　框架梁下部纵筋在支座处锚固

l_{aE}—受拉钢筋抗震锚固长度；h_c—柱截面沿框架方向的高度；d—钢筋直径

（6）框架梁下部纵向钢筋应尽量避免在中柱内锚固，宜本着"能通则通"的原则来保证节点核心区混凝土的浇筑质量。当必须锚固时，锚固做法如图 3-10 所示。

（7）框架梁纵向受力钢筋连接位置宜避开梁端箍筋加密区。如必须在此连接，应采用机械连接或焊接。

（8）在连接范围内相邻纵向钢筋连接接头应相互错开，且位于同一连接区段内纵向钢筋接头面积百分数不宜大于 50%。

（9）梁的同一根纵筋在同一跨内设置连接接头不得多于 1 个。悬臂梁的纵向钢筋不得设置连接接头。

【例 3-2】 已知：梁纵筋保护层厚度为 20mm；柱纵筋保护层厚度为 20mm；抗震等级为一级抗震；钢筋连接方式为对焊；钢筋类型为普通钢筋。计算多跨屋面非框架梁 L1 的钢筋量，如图 3-11 所示。

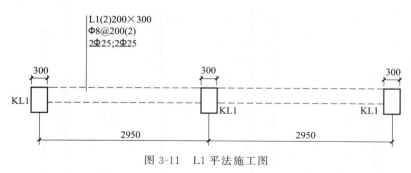

图 3-11　L1 平法施工图

【解】　（1）上部钢筋 2Φ25

上部钢筋长度 $=5900+300-40+2\times15d=5900+300-40+2\times15\times25=6910$（mm）

（2）下部钢筋 2Φ25

上部钢筋长度 $=5900-300+2\times12d=5900-300+2\times12\times25=6200$（mm）

（3）箍筋长度（2 肢箍）

① 箍筋长度 $=(200-2\times20)\times2+(300-2\times20)\times2+2\times11.9\times8=1031$（mm）

② 第一跨根数＝(2950－300－50)/200＋1＝14（根）

③ 第二跨根数＝(2950－300－50)/200＋1＝14（根）

3.3.2 框架梁箍筋、拉筋排布构造

框架梁箍筋、拉筋排布构造如图 3-12 所示。

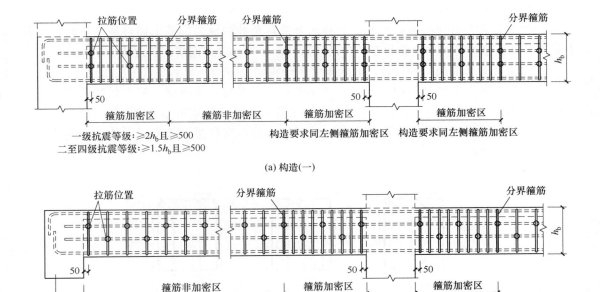

(a) 构造(一)

(b) 构造(二)

图 3-12 框架梁箍筋、拉筋排布构造

h_b—梁截面高度

（1）箍筋加密范围 梁支座负筋设箍筋加密区。

一级抗震等级：加密区长度为 max（$2h_b$，500）。

二至四级抗震等级：加密区长度为 max（$1.5h_b$，500）。其中，h_b 为梁截面高度。

（2）箍筋位置 框架梁第一道箍筋距离框架柱边缘为 50mm。注意在梁柱节点内，框架梁的箍筋不设。

（3）弧形梁沿梁中心线展开，箍筋间距沿凸面线量度。

（4）箍筋复合方式 多于两肢箍的复合箍筋应采用外封闭大箍套小箍的复合方式。

3.3.3 梁横截面纵向钢筋与箍筋排布构造

梁横截面纵向钢筋与箍筋排布构造如图 3-13 所示。

（1）图 3-13 中标注 m/n (k) 说明：m 为梁上部第一排纵筋根数，n 为梁下部第一排纵筋根数，k 为梁箍筋肢数。图 3-13 中为 $m \geqslant n$ 时的钢筋排布方案；当 $m < n$ 时，可根据排布规则将图中纵筋上下换位后应用。

（2）当梁箍筋为双肢箍时，梁上部纵筋、下部纵筋及箍筋的排布无关联，各自独立排

布；当梁箍筋为复合箍时，梁上部纵筋、下部纵筋及箍筋的排布有关联，钢筋排布应按以下规则综合考虑。

① 梁上部纵筋、下部纵筋及复合箍筋排布时应遵循对称均匀原则。

② 梁复合箍筋应采用截面周边外封闭大箍加内封闭小箍的组合方式（大箍套小箍）。内部复合箍筋可采用相邻两肢箍形成一个内封闭小箍的形式，如图 3-14 所示。

③ 梁复合箍筋肢数宜为双数，当复合箍筋的肢数为单数时，设一个单肢箍。单肢箍筋宜紧靠箍筋并勾住纵筋。

④ 梁箍筋转角处应有纵向钢筋，当箍筋上部转角处的纵向钢筋未能贯通全跨时，在跨中上部可设置架立筋（架立筋的直径按设计标注，与梁纵向钢筋搭接长度为 150mm）。

⑤ 梁上部通长筋应对称设置，通长筋宜置于箍筋转角处。

⑥ 梁同一跨内各组箍筋的复合方式应完全相同。当同一组内复合箍筋各肢位置不能满足对称性要求时，此跨内每相邻两组箍筋各肢的安装绑扎位置应沿梁纵向交错对称排布。

⑦ 梁横截面纵向钢筋与箍筋排布时，除考虑本跨内钢筋排布关联因素外，还应综合考虑相邻跨之间的关联影响。

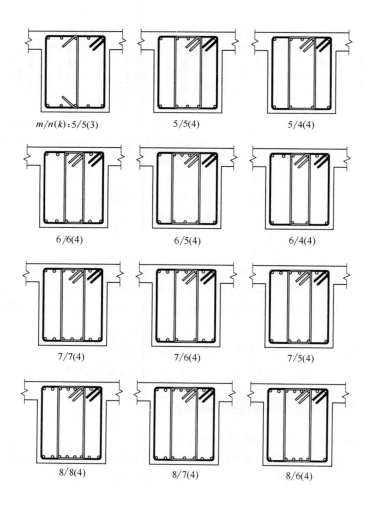

$m/n(k)$:5/5(3)   5/5(4)   5/4(4)

6/6(4)   6/5(4)   6/4(4)

7/7(4)   7/6(4)   7/5(4)

8/8(4)   8/7(4)   8/6(4)

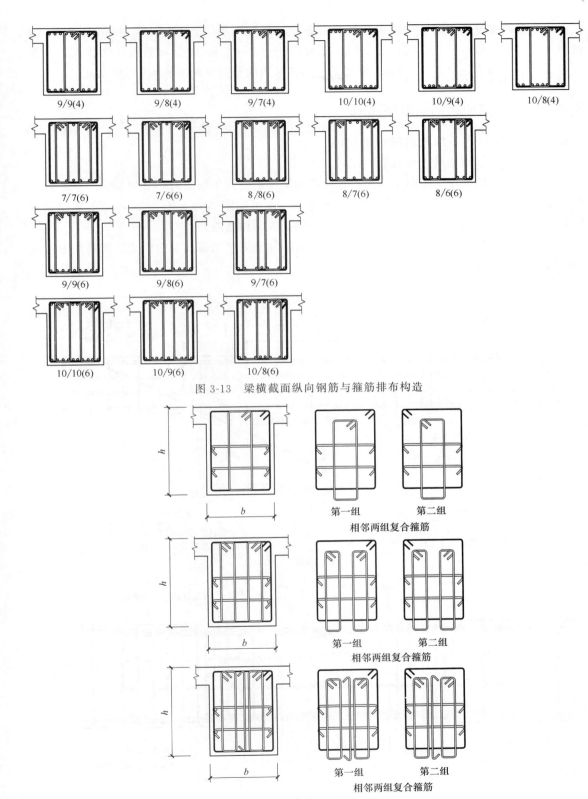

9/9(4)　9/8(4)　9/7(4)　10/10(4)　10/9(4)　10/8(4)

7/7(6)　7/6(6)　8/8(6)　8/7(6)　8/6(6)

9/9(6)　9/8(6)　9/7(6)

10/10(6)　10/9(6)　10/8(6)

图 3-13　梁横截面纵向钢筋与箍筋排布构造

第一组　第二组
相邻两组复合箍筋

第一组　第二组
相邻两组复合箍筋

第一组　第二组
相邻两组复合箍筋

图 3-14　梁复合箍筋排布构造

h—截面高度；b—截面宽度

（3）框架梁箍筋加密区长度内的箍筋肢距：一级抗震等级，不宜大于 200mm 和 20 倍箍筋直径的较大值；二、三级抗震等级，不宜大于 250mm 和 20 倍箍筋直径的较大值；各抗震等级下，均不宜大于 300mm。框架梁非加密区内的箍筋肢距不宜大于 300mm。

3.3.4 框架梁加腋钢筋排布构造

3.3.4.1 框架梁水平加腋钢筋排布构造

框架梁水平加腋钢筋排布构造如图 3-15 所示。

（1）当梁结构平法施工图中，水平加腋部位的配筋设计未给出时，其梁腋上、下部斜纵筋（仅设置第一排）直径分别同梁内上、下纵筋，水平间距不宜大于 200mm；水平加腋部位侧面纵向构造钢筋的设置及构造要求同梁内侧面纵向构造筋。

（2）水平加腋梁在腋长范围内的箍筋由加腋附加箍筋和梁箍筋复合组成。箍筋加密区范围箍筋的肢数、肢距以设计为准。

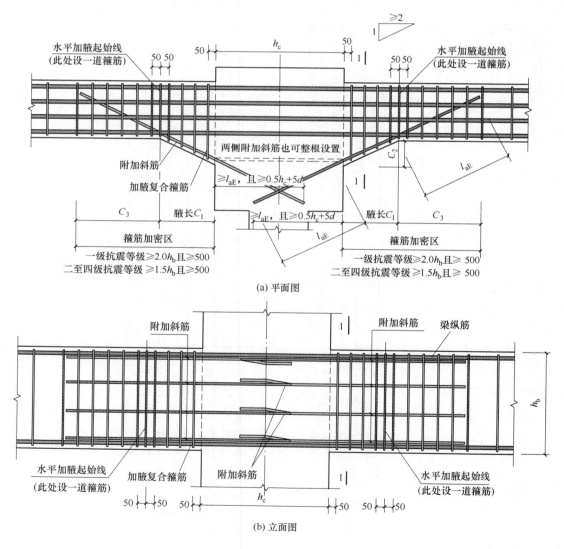

(a) 平面图

(b) 立面图

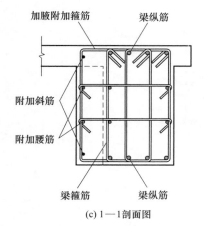

(c) 1—1 剖面图

图 3-15　框架梁水平加腋钢筋排布构造

l_{aE}—受拉钢筋抗震锚固长度；C_1—腋长；C_2—腋高；C_3—箍筋加密区长度—C_1；

h_b—梁截面高度；h_c—柱截面沿框架方向的高度；d—钢筋直径

（3）附加斜筋直锚受限时可在柱纵筋内侧顺势弯折锚固，锚固长度不变。柱子两侧对应交叉的附加斜筋也可合并成整根配置。附加斜筋配置要求以设计为准。

（4）彼此交叉的附加斜筋，交叉之前应设置在同一水平面，交叉时，一侧斜筋顺势置于另一侧斜筋之下或之上。

（5）图中 C_3 按下列规定取值：抗震等级为一级：$\geqslant 2.0h_b$ 且$\geqslant 500mm$；抗震等级为二至四级：$\geqslant 1.5h_b$ 且$\geqslant 500mm$。

3.3.4.2　框架梁竖向加腋钢筋排布构造

框架梁竖向加腋钢筋排布构造如图 3-16 所示。图 3-16 中 C_3 的取值同框架梁水平加腋钢筋排布构造。

3.3.5　框架扁梁节点处钢筋排布构造

3.3.5.1　框架扁梁中柱节点处钢筋排布构造

框架扁梁中柱节点处钢筋排布构造如图 3-17 所示。

（1）框架扁梁上部通长钢筋连接位置、非贯通钢筋伸出长度要求同框架梁；穿过柱截面的框架扁梁下部纵筋可在柱内锚固，未穿过柱截面的下部纵筋应贯通节点区；框架扁梁下部纵筋在节点外连接时，连接位置宜避开箍筋加密区，并宜位于支座 $l_{ni}/3$ 范围之内。

（2）竖向拉筋应同时勾住扁梁上、下双向纵筋，拉筋末端采用135°弯钩，平直段长度为 $10d$。

（3）柱支座框架扁梁交叉节点处，若各个方向框架扁梁标高和梁高相同时，一方向梁的上部和下部纵筋均宜设置在另一个方向梁的上部和下部纵筋之上。

（4）框架扁梁在支座内的下 2 层纵筋在跨内宜尽可能置于下 1 层，到支座处再弯折躲让到下 2 层。

（5）框架扁梁纵筋与柱子纵筋交叉时应对称躲让。

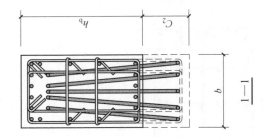

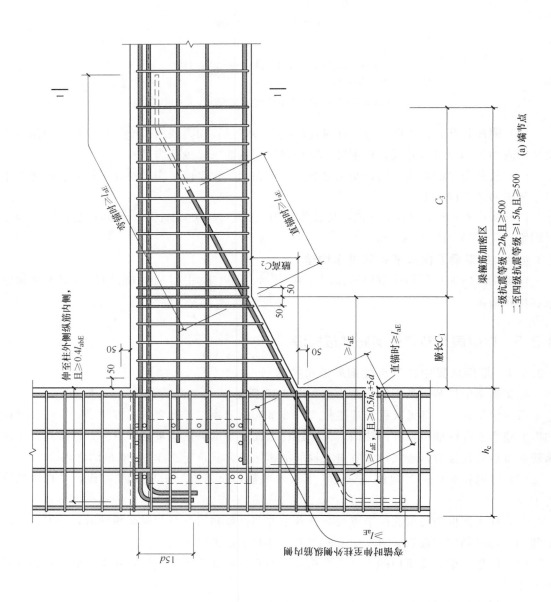

(a) 端节点

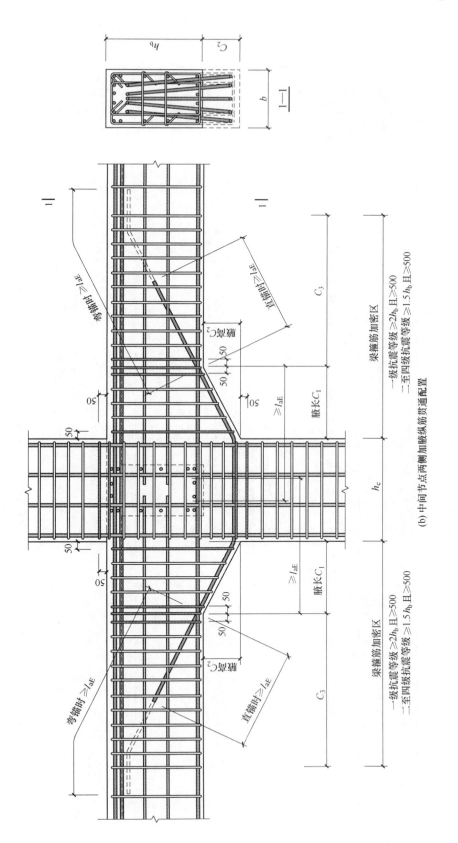

(b) 中间节点两侧加腋纵筋贯通配置

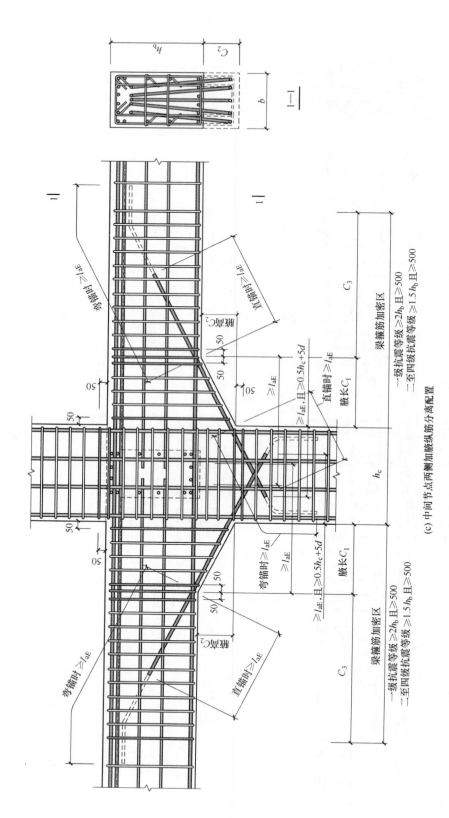

(c) 中间节点两侧加腋纵筋分离配置

图 3-16 框架梁竖加腋钢筋排布构造

l_{aE}—受拉钢筋抗震锚固长度；l_{abE}—抗震设计时受拉钢筋基本锚固长度；C_1—腋长；C_2—腋高；h_b—梁截面宽度；h_c—柱截面沿框架方向的高度；d—钢筋直径；

C_3—箍筋加密区长度—C_1；b—梁截面宽度；h_b—梁截面高度；h_c—柱截面沿框架方向的高度；d—钢筋直径

3.3.5.2　框架扁梁边柱节点处钢筋排布构造

框架扁梁边柱节点处钢筋排布构造如图 3-18 所示。

（1）框架扁梁上部通长钢筋连接位置、非贯通钢筋伸出长度要求同框架梁；穿过柱截面的框架扁梁下部纵筋可在柱内锚固，未穿过柱截面的下部纵筋应贯通节点区；框架扁梁下部纵筋在节点外连接时，连接位置宜避开箍筋加密区，并宜位于支座 $l_{ni}/3$ 范围之内。

（2）竖向拉筋应同时勾住扁梁上、下双向纵筋，拉筋末端采用 135°弯钩，平直段长度为 $10d$。

（3）框架扁梁纵筋与柱子纵筋交叉时应对称躲让。

（4）穿过柱截面框架扁梁的纵向受力筋锚固做法同框架梁。

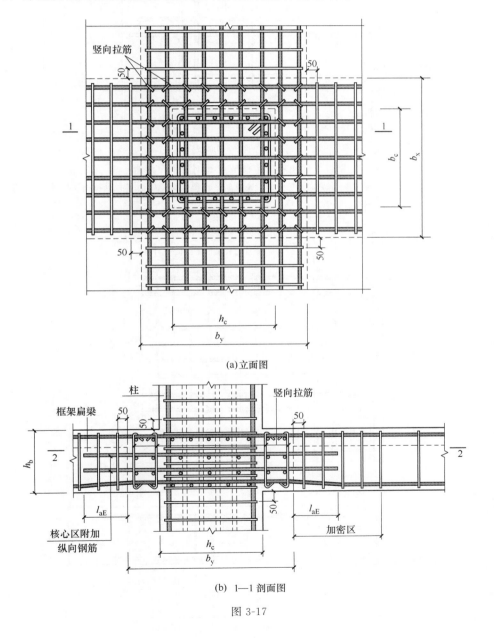

(a) 立面图

(b) 1—1 剖面图

图 3-17

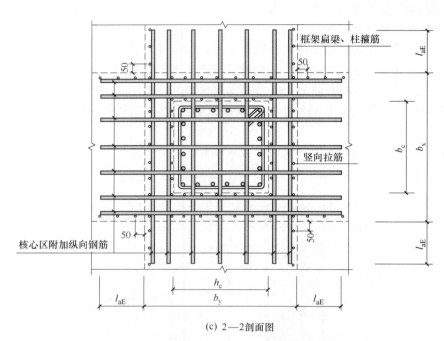

(c) 2—2剖面图

图 3-17　框架扁梁中柱节点处钢筋排布构造

h_c、b_c—柱宽；b_x、b_y—框架扁梁 x 向、y 向的梁宽；h_b—框架扁梁梁高；l_{aE}—受拉钢筋抗震锚固长度

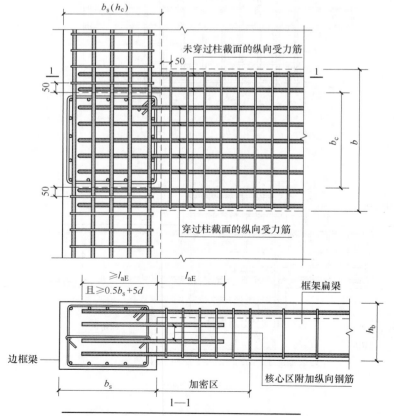

[未穿过柱截面的框架扁梁纵向钢筋(包含上、下部纵筋
和核心区附加纵筋)直锚]

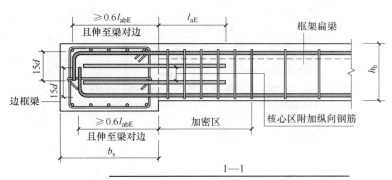

1—1

[未穿过柱截面的框架扁梁纵向钢筋(包含上、下部纵筋和核心区附加纵筋)不满足直锚]

(a) 边框梁宽度等于框架柱宽，或$h_c-b_s<100$mm

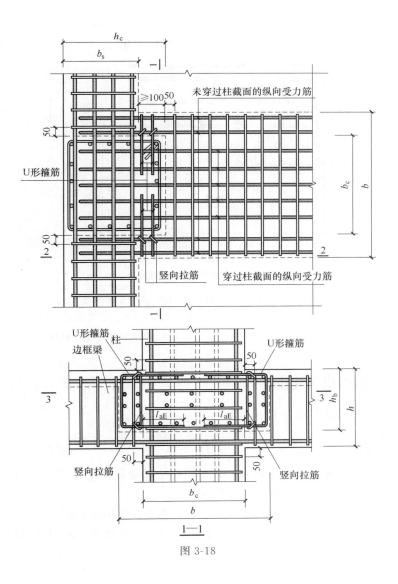

1—1

图 3-18

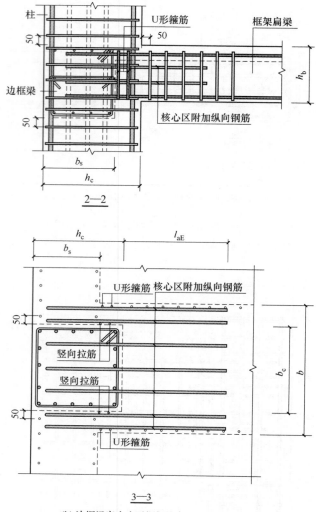

2—2

(b) 边框梁宽度小于框架柱宽，且$h_c-b_s \geqslant 100$mm

图 3-18　框架扁梁边柱节点处钢筋排布构造

h_c、b_c—柱宽；b—框架扁梁宽度；b_s—边梁宽；h_b—框架扁梁梁高；

l_{aE}—受拉钢筋抗震锚固长度；l_{abE}—抗震设计时受拉钢筋基本锚固长度

3.3.6　悬挑梁钢筋排布构造

悬挑梁钢筋排布构造如图 3-19 所示。

图 3-19 中：

（a）纯悬挑梁；

（b）梁顶标高与悬挑梁梁顶标高相同，可用于中间层或顶层；

（c）当 $\Delta h/(h_c-50) > 1/6$ 时，仅用于中间层；

（d）当 $\Delta h/(h_c-50) \leqslant 1/6$ 时，上部纵筋连续布置且仅用于中间层；

（e）当 $\Delta h/(h_c-50) \leqslant 1/6$ 时，上部纵筋连续布置，可用于中间层或顶层；

（f）当 $\Delta h/(h_c-50) > 1/6$ 时，仅用于中间层；

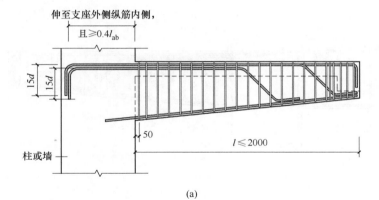

伸至支座外侧纵筋内侧，
且≥0.4l_{ab}

15d

15d

50

l≤2000

柱或墙

(a)

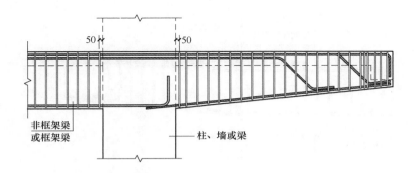

50   50

非框架梁
或框架梁

柱、墙或梁

(b)

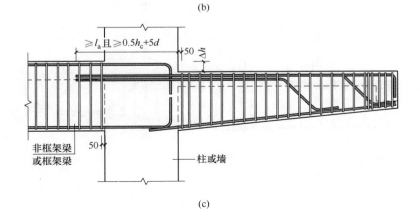

≥l_a且≥0.5h_c+5d 50   Δh

非框架梁
或框架梁

50

柱或墙

(c)

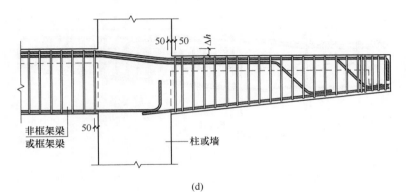

50   50   Δh

非框架梁
或框架梁

50

柱或墙

(d)

图 3-19

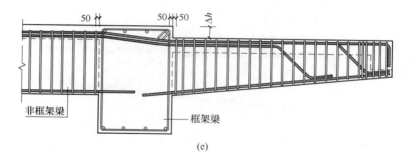

非框架梁

框架梁

(e)

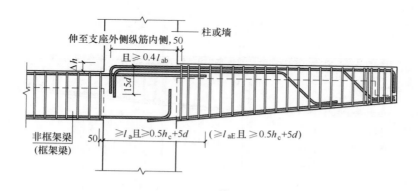

柱或墙

伸至支座外侧纵筋内侧, 50

且 $\geqslant 0.4l_{ab}$

$15d$

非框架梁
(框架梁)

50

$\geqslant l_a$ 且 $\geqslant 0.5h_c + 5d$ ($\geqslant l_{aE}$ 且 $\geqslant 0.5h_c + 5d$)

(f)

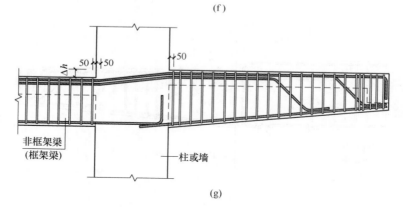

非框架梁
(框架梁)

柱或墙

(g)

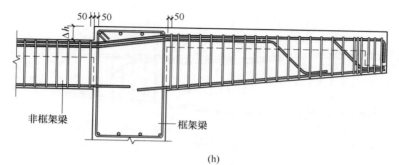

非框架梁

框架梁

(h)

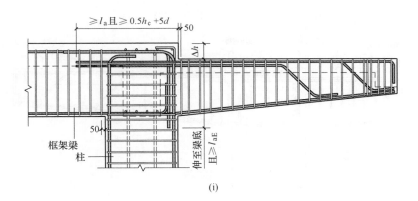

(i)

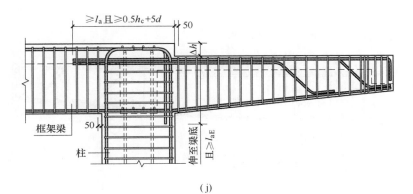

(j)

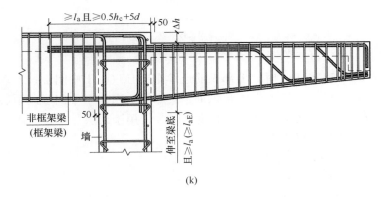

(k)

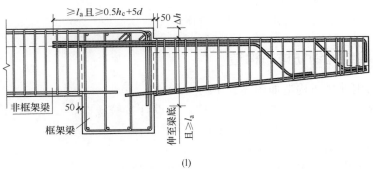

(l)

图 3-19

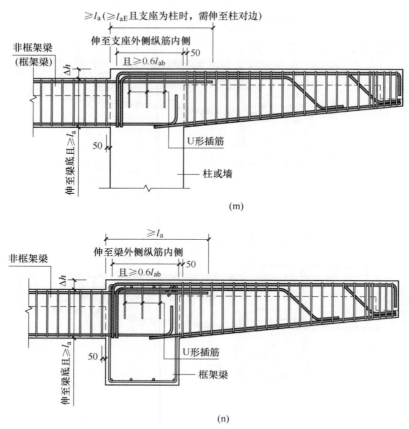

$\geq l_a$（$\geq l_{aE}$且支座为柱时，需伸至柱对边）

伸至支座外侧纵筋内侧
且$\geq 0.6l_{ab}$
50

非框架梁
（框架梁）
Δh

U形插筋

柱或墙

伸至梁底且$\geq l_a$
50

(m)

$\geq l_a$

伸至梁外侧纵筋内侧
且$\geq 0.6l_{ab}$
50

非框架梁
Δh

U形插筋

框架梁

伸至梁底且$\geq l_a$
50

(n)

图 3-19　悬挑梁钢筋排布构造

d—钢筋直径；l_a—受拉钢筋锚固长度；l_{ab}—受拉钢筋基本锚固长度；

l—挑出长度；h_c—柱截面宽度；Δh—梁顶、梁底高差

（g）当 $\Delta h/(h_c-50) \leqslant 1/6$ 时，上部纵筋连续布置且仅用于中间层；

（h）当 $\Delta h/(h_c-50) \leqslant 1/6$ 时，上部纵筋连续布置，可用于中间层或顶层；

（i）当 $\Delta h \leqslant h_b/3$（h_b 为梁根部截面高度）时，仅用于顶层；

（j）当 $\Delta h \leqslant h_b/3$ 时，仅用于顶层；

（k）当 $\Delta h \leqslant h_b/3$ 时，仅用于顶层；

（l）当 $\Delta h \leqslant h_b/3$ 时，可用于中间层或顶层；

（m）当 $\Delta h \leqslant h_b/3$ 时，仅用于顶层；

（n）当 $\Delta h \leqslant h_b/3$ 时，可用于中间层或顶层。

3.3.7　井字梁结构钢筋排布构造

井字梁结构钢筋排布构造如图 3-20 所示。

（1）上部纵筋锚入端支座的水平段长度：当设计按铰接时，长度$\geqslant 0.35l_{ab}$；当充分利用钢筋的抗拉强度时，长度$\geqslant 0.6l_{ab}$，弯锚 $15d$。

（2）架立筋与支座负筋的搭接长度为 150mm。

（3）下部纵筋在端支座直锚 $12d$，在中间支座直锚 $12d$。

（4）从距支座边缘 50mm 处开始布置第一个箍筋。

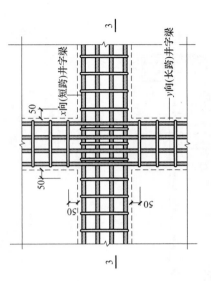

(b) 井字梁交叉节点钢筋排布构造图

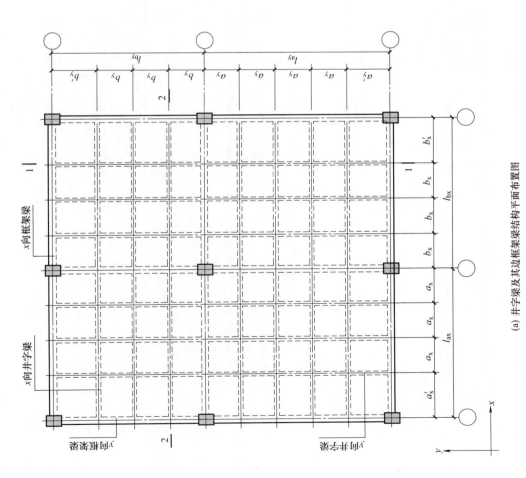

(a) 井字梁及其边框架梁结构平面布置图

图 3-20

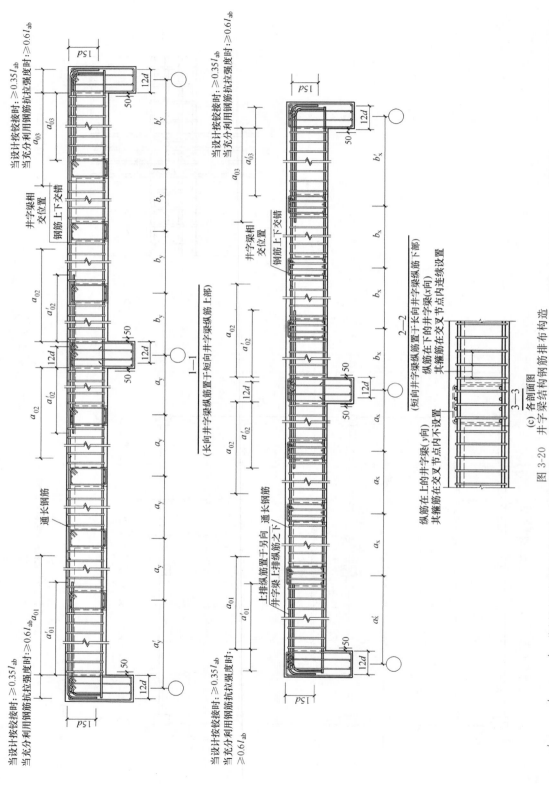

图 3-20 井字梁结构钢筋排布构造

（c）各剖面图

图中注明：a_{01}、a'_{01}、a_{02}、a'_{02}、a_{03}、a'_{03}——井字梁支座负筋的外伸长度，由设计注明；a_x、b_x、b'_x、a_y、b_y、b'_y——不同跨井字梁的间距；d——钢筋直径；l_{ab}——受拉钢筋基本锚固长度

4 剪力墙构件平法识图

4.1 剪力墙身钢筋排布构造

4.1.1 剪力墙身水平钢筋构造

4.1.1.1 水平分布钢筋在端柱锚固构造

剪力墙设有端柱时，水平分布筋在端柱锚固的构造要求如图 4-1 所示。

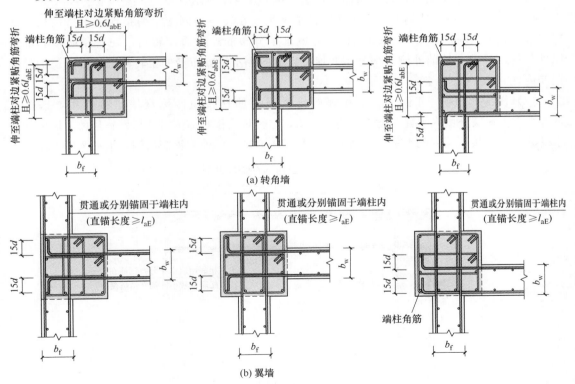

(a) 转角墙

(b) 翼墙

图 4-1

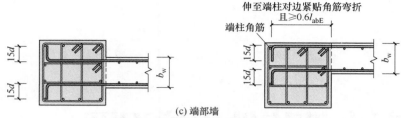

图 4-1 设置端柱时剪力墙水平分布钢筋锚固构造

l_{abE}—抗震设计时受拉钢筋基本锚固长度；d—钢筋直径；

l_{aE}—受拉钢筋抗震锚固长度；b_w—墙肢截面厚度；b_f—墙翼截面厚度

（1）端柱位于转角部位时，位于端柱宽出墙身一侧的剪力墙水平分布筋伸入端柱水平长度 $\geqslant 0.6l_{abE}$，弯折长度 $15d$；当直锚深度 $\geqslant l_{aE}$ 时，可不设弯钩。位于端柱与墙身相平一侧的剪力墙水平分布筋绕过端柱阳角，与另一片墙段水平分布筋连接；也可不绕过端柱阳角，而直接伸至端柱角筋内侧向内弯折 $15d$。

（2）非转角部位端柱，剪力墙水平分布筋伸入端柱弯折长度 $15d$；当直锚深度 $\geqslant l_{aE}$ 时，可不设弯钩。

（3）剪力墙钢筋配置多于两排时，中间排水平分布筋端柱处构造与位于端柱内部的水平分布筋相同。

（4）当剪力墙水平分布筋向端柱外侧弯折所需尺寸不够时，也可向柱中心方向弯折。

4.1.1.2 水平分布钢筋在转角墙锚固构造

剪力墙水平分布钢筋在转角墙锚固构造要求如图 4-2 所示。

（1）图 4-2（a） 外侧上、下相邻两排水平钢筋在转角一侧交错搭接连接，搭接长度 $\geqslant 1.2l_{aE}$，搭接范围错开间距 500mm；墙外侧水平分布筋连续通过转角，在转角墙核心部位以外与另一片剪力墙的外侧水平分布筋连接，墙内侧水平分布筋伸至转角墙核心部位的外侧钢筋内侧，水平弯折 $15d$。

（2）图 4-2（b） 外侧上、下相邻两排水平钢筋在转角两侧交错搭接连接，搭接长度 $\geqslant 1.2l_{aE}$；墙外侧水平分布筋连续通过转角，在转角墙核心部位以外与另一片剪力墙的外侧水平分布筋连接，墙内侧水平分布筋伸至转角墙核心部位的外侧钢筋内侧，水平弯折 $15d$。

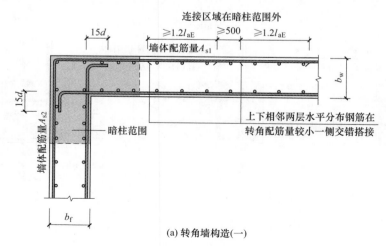

(a) 转角墙构造(一)

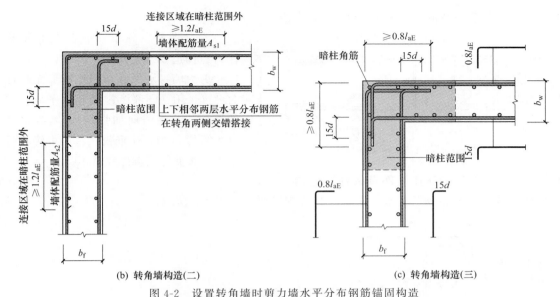

(b) 转角墙构造(二)　　　　　　(c) 转角墙构造(三)

图 4-2　设置转角墙时剪力墙水平分布钢筋锚固构造

d—钢筋直径；l_{aE}—受拉钢筋抗震锚固长度；b_w—墙肢截面厚度；b_f—墙翼截面厚度；A_{s1}、A_{s2}—墙体配筋量

（3）图 4-2（c）　墙外侧水平钢筋在转角处搭接，搭接长度为 $1.6l_{aE}$，墙内侧水平分布筋伸至转角墙核心部位的外侧钢筋内侧，水平弯折 $15d$。

4.1.1.3　水平分布筋在翼墙锚固构造

剪力墙水平分布钢筋在翼墙的锚固构造要求如图 4-3 所示。

翼墙两翼的墙身水平分布筋连续通过翼墙；翼墙肢部墙身水平分布筋伸至翼墙核心部位的外侧钢筋内侧，水平弯折 $15d$。

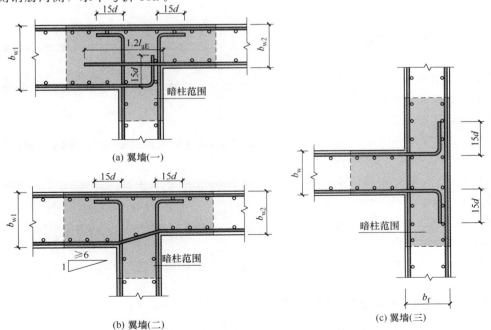

(a) 翼墙(一)

(b) 翼墙(二)　　　　　　(c) 翼墙(三)

图 4-3　设置翼墙时剪力墙水平分布钢筋锚固构造

d—钢筋直径；b_w、b_{w1}、b_{w2}—墙肢截面厚度；b_f—墙翼截面厚度

4.1.1.4 水平分布筋在端部无暗柱封边构造

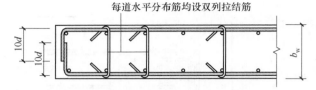

图 4-4　无暗柱时剪力墙水平分布钢筋锚固构造
d—钢筋直径；b_w—墙肢截面厚度

剪力墙水平分布钢筋在端部无暗柱封边构造要求如图 4-4 所示。

剪力墙身水平分布筋在端部无暗柱时，可采用在端部设置 U 形水平筋（目的是箍住边缘竖向加强筋），墙身水平分布筋与 U 形水平筋搭接；也可将墙身水平分布筋伸至端部弯折 $10d$。

4.1.1.5 水平分布筋在端部有暗柱封边构造

剪力墙水平分布钢筋在端部有暗柱封边构造要求如图 4-5 所示。

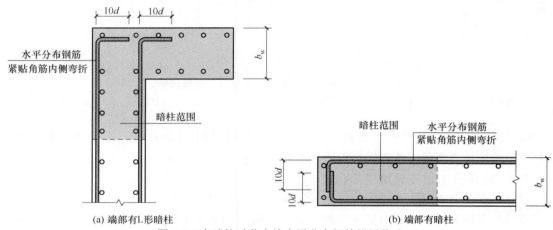

(a) 端部有 L 形暗柱　　　　　　　　　　(b) 端部有暗柱

图 4-5　有暗柱时剪力墙水平分布钢筋锚固构造
d—钢筋直径；b_w—墙肢截面厚度

4.1.1.6 水平分布筋交错连接构造

剪力墙身水平分布筋交错连接时，上下相邻的墙身水平分布钢筋交错搭接连接，搭接长度≥$1.2l_{aE}$，搭接范围交错≥500mm，如图 4-6 所示。

4.1.1.7 水平分布筋斜交墙构造

剪力墙斜交部位应设置暗柱，如图 4-7 所示。斜交墙外侧

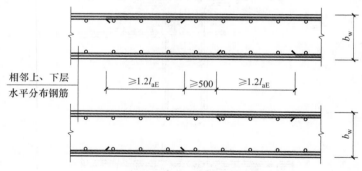

图 4-6　剪力墙水平分布钢筋交错搭接
l_{aE}—受拉钢筋抗震锚固长度；b_w—墙肢截面厚度

水平分布筋连续通过阳角，内侧水平分布筋在墙内弯折锚固长度为 $15d$。

4.1.2 剪力墙身竖向分布钢筋构造

4.1.2.1 竖向分布筋连接构造

剪力墙身竖向分布钢筋通常采用绑扎搭接、机械连接和焊接连接三种连接方式，如图 4-8 所示。

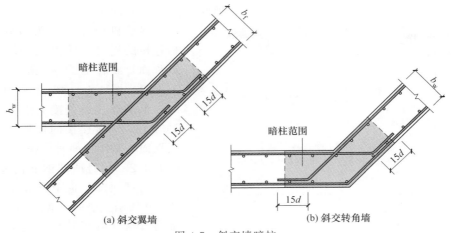

(a) 斜交翼墙　　　　　　　(b) 斜交转角墙

图 4-7　斜交墙暗柱

d—钢筋直径；b_w—墙肢截面厚度；b_f—墙翼截面厚度

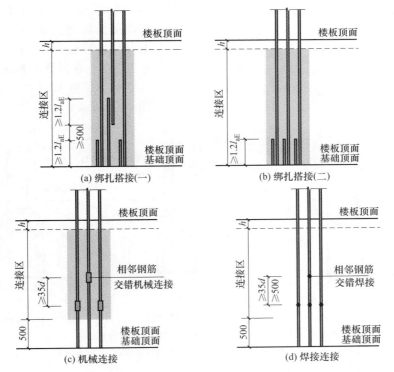

(a) 绑扎搭接(一)　　　　　　　(b) 绑扎搭接(二)

(c) 机械连接　　　　　　　(d) 焊接连接

图 4-8　剪力墙身竖向分布钢筋连接构造

l_{aE}—受拉钢筋抗震锚固长度；d—钢筋直径；h—楼板厚度、暗梁或边框梁高度的较大值

（1）图 4-8（a）　一、二级抗震等级剪力墙底部加强部位的剪力墙身竖向分布钢筋可在楼层层间任意位置搭接连接，搭接长度为 $1.2l_{aE}$，搭接接头错开距离 500mm，钢筋直径大于 28mm 时不宜采用搭接连接。

（2）图 4-8（b）　一、二级抗震等级剪力墙非底部加强部位或三、四级抗震等级或非抗震的剪力墙身竖向分布钢筋可在楼层层间同一位置搭接连接，搭接长度为 $1.2l_{aE}$，钢筋直径大于 28mm 时不宜采用搭接连接。

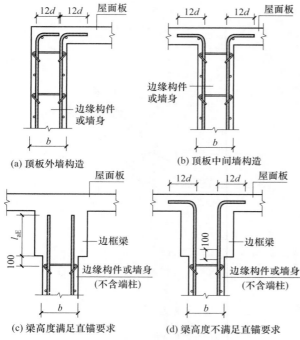

（a）顶板外墙构造

（b）顶板中间墙构造

（c）梁高度满足直锚要求

（d）梁高度不满足直锚要求

图 4-9　剪力墙竖向钢筋顶部构造

b—墙厚；l_{aE}—受拉钢筋抗震锚固长度；d—钢筋直径

（3）图 4-8（c）　当采用机械连接时，纵筋机械连接接头错开 $35d$；机械连接的连接点距离结构层顶面（基础顶面）或底面≥500mm。

（4）图 4-8（d）　当采用焊接连接时，纵筋焊接连接接头错开 $35d$ 且≥500mm；焊接连接的连接点距离结构层顶面（基础顶面）或底面≥500mm。

4.1.2.2　墙身顶部钢筋构造

墙身顶部竖向分布钢筋构造，如图 4-9 所示。竖向分布筋伸至剪力墙顶部后弯折，弯折长度为 $12d$。当一侧剪力墙有楼板时，墙柱钢筋均向楼板内弯折；当剪力墙两侧均有楼板时，竖向钢筋可分别向两侧楼板内弯折。而当剪力墙竖向钢筋在边框梁中锚固时，构造特点为：直锚 l_{aE}。

4.1.2.3　变截面竖向分布筋构造

剪力墙变截面处竖向钢筋构造如图 4-10 所示。

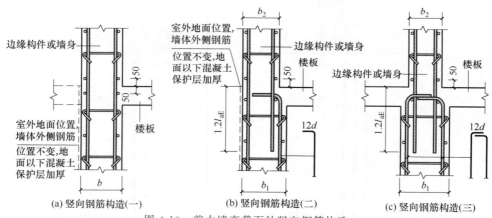

（a）竖向钢筋构造（一）

（b）竖向钢筋构造（二）

（c）竖向钢筋构造（三）

图 4-10　剪力墙变截面处竖向钢筋构造

b、b_1、b_2—墙厚；l_{aE}—受拉钢筋抗震锚固长度；d—钢筋直径

4.2　剪力墙梁钢筋排布构造

4.2.1　剪力墙连梁钢筋排布构造

4.2.1.1　剪力墙连梁（LL）钢筋

剪力墙连梁钢筋排布构造如图 4-11 所示。

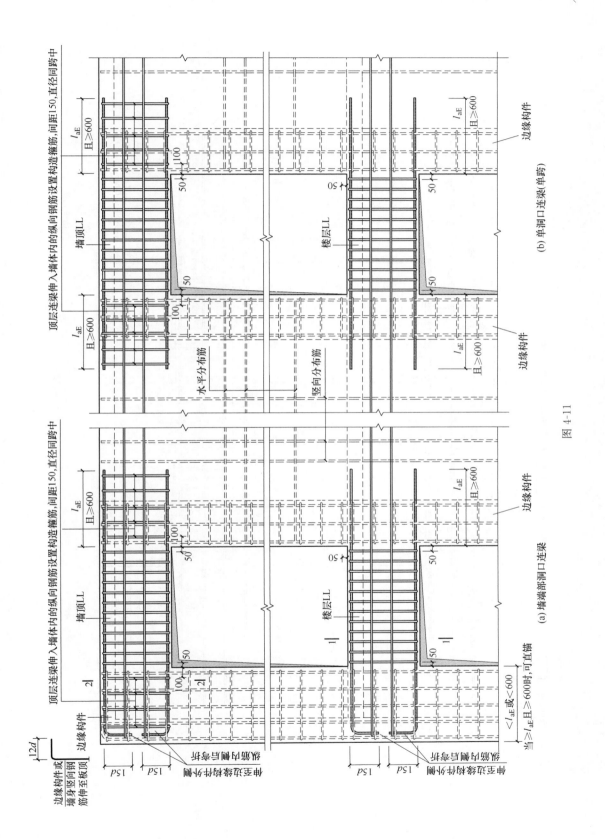

图 4-11

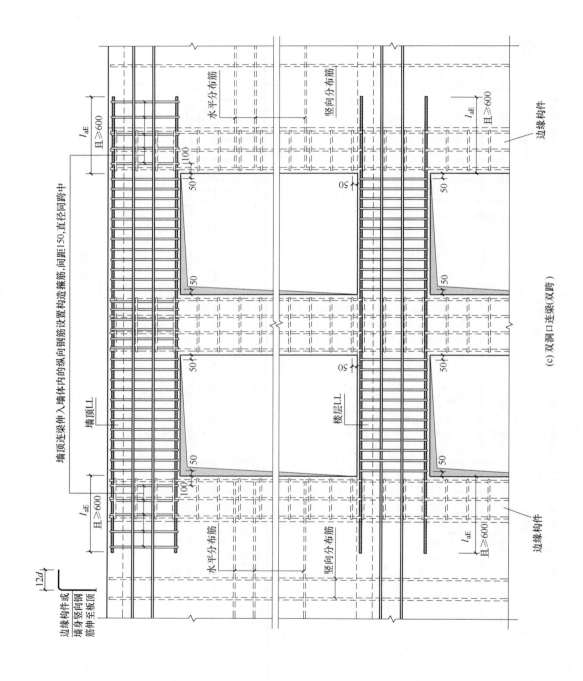

(c) 双洞口连梁(双跨)

墙顶连梁伸入墙体内的纵向钢筋设置构造箍筋,间距150,直径同跨中

墙顶LL

楼层LL

水平分布筋

竖向分布筋

边缘构件

l_{aE} 且≥600

l_{aE} 且≥600

l_{aE} 且≥600

边缘构件

水平分布筋

竖向分布筋

边缘构件或墙身竖向钢筋伸至板顶

12d

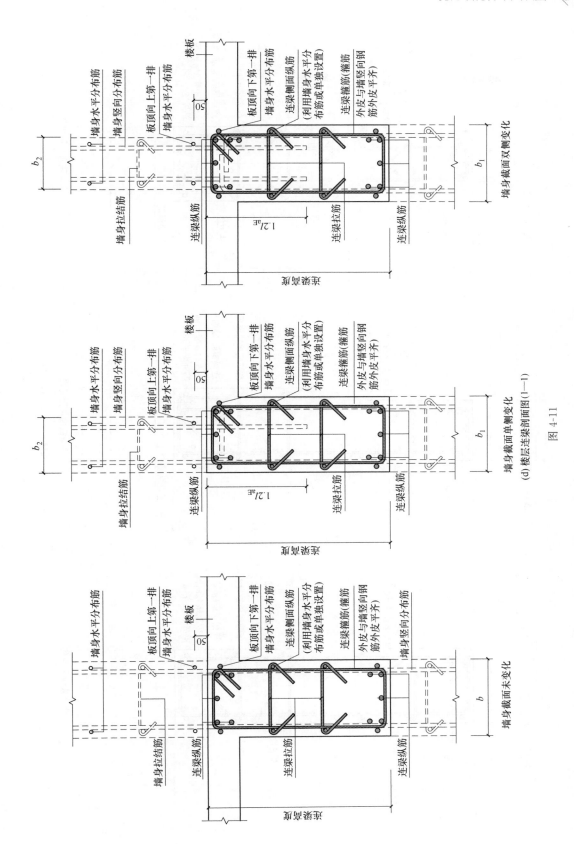

图 4-11
(d) 楼层连梁剖面图(1—1)

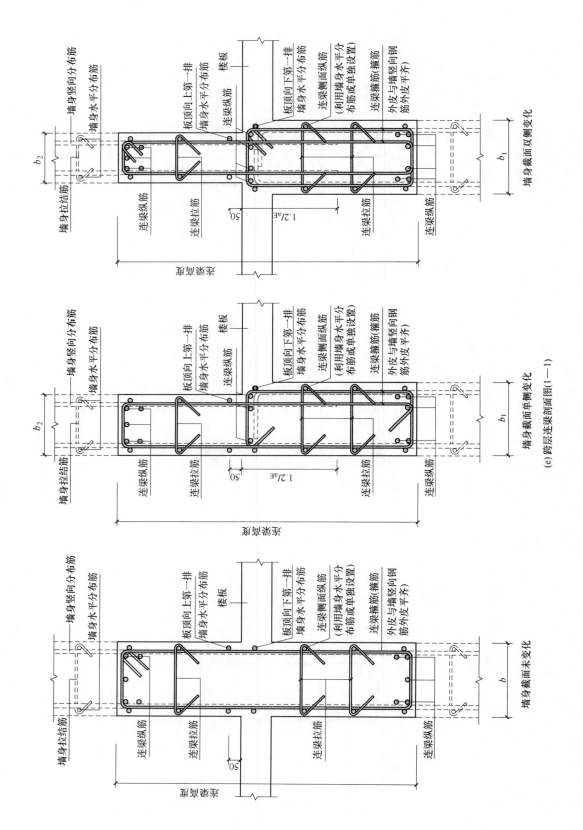

(e) 跨层连梁剖面图(1—1)

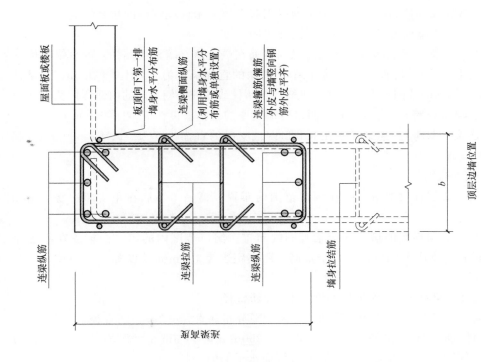

顶层边墙位置

连梁纵筋

连梁箍筋

连梁拉筋

墙身拉结筋

屋面板或楼板

板顶向下第一排
墙身向水平分布筋

连梁侧面纵筋
(利用墙身水平分
布筋或单独设置)

连梁箍筋(箍筋
外皮与墙竖向钢
筋外皮平齐)

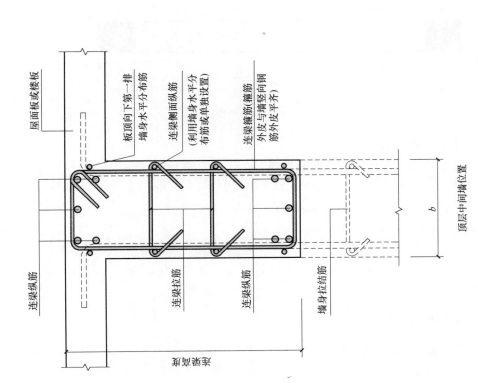

顶层中间墙位置

连梁纵筋

连梁箍筋

连梁拉筋

墙身拉结筋

屋面板或楼板

板顶向下第一排
墙身向水平分布筋

连梁侧面纵筋
(利用墙身水平分
布筋或单独设置)

连梁箍筋(箍筋
外皮与墙竖向钢
筋外皮平齐)

(f) 顶层连梁剖面图(2—2)

图 4-11　剪力墙连梁钢筋排布构造

b、b_1、b_2—墙厚；l_{aE}—受拉钢筋抗震锚固长度；d—钢筋直径

（1）连梁以暗柱或端柱为支座，连梁主筋锚固起点应从暗柱或端柱的边缘算起。

（2）连梁纵筋锚入暗柱或端柱的锚固方式和锚固长度

① 墙端部洞口连梁。当端部洞口连梁的纵向钢筋在端支座（暗柱或端柱）的直锚长度$\geqslant l_{aE}$时，可不必向上（下）弯锚，连梁纵筋在中间支座的直锚长度为l_{aE}且$\geqslant 600\text{mm}$；当暗柱或端柱的长度小于钢筋的锚固长度时，连梁纵筋伸至暗柱或端柱外侧纵筋的内部弯钩长$15d$。

② 单洞口连梁（单跨）。连梁纵筋在洞口两端支座的直锚长度为l_{aE}且$\geqslant 600\text{mm}$。

③ 双洞口连梁（双跨）。连梁纵筋在双洞口两端支座的直锚长度为l_{aE}且$\geqslant 600\text{mm}$，洞口之间连梁通长设置。

（3）连梁箍筋的设置

① 楼层连梁。楼层连梁的箍筋仅在洞口范围内布置。第一个箍筋在距支座边缘50mm处设置。

② 墙顶连梁。墙顶连梁的箍筋在全梁范围内布置。洞口范围内的第一个箍筋在距支座边缘50mm处设置；支座范围内的第一个箍筋在距支座边缘100mm处设置。

③ 箍筋计算。

连梁箍筋高度＝梁高－2×保护层厚度－2×箍筋直径

连梁箍筋宽度＝梁宽－2×保护层厚度－2×水平分布筋直径－2×箍筋直径

（4）连梁的拉筋　连梁拉筋直径：当梁宽$\leqslant 350\text{mm}$时为6mm；梁宽$> 350\text{mm}$时为8mm。拉筋水平间距为2倍箍筋间距，竖向沿侧面水平筋隔一拉一。

【例4-1】　端部洞口连梁LL5计算图，如图4-12所示。设混凝土强度为C30，抗震等级为三级，计算连梁LL5中间层的各种钢筋量。

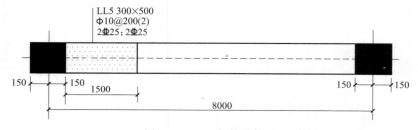

图4-12　LL5钢筋计算图

【解】　（1）上、下部纵筋

计算公式＝净长＋左端柱内锚固＋右端直锚

左端支座锚固长度＝$h_c - c + 15d = 300 - 15 + 15 \times 25 = 660$（mm）

右端直锚固长度＝$\max(l_{aE}, 600) = \max(30 \times 25, 600) = 750$（mm）

总长度＝$1900 + 660 + 750 = 3310$（mm）

（2）箍筋长度

箍筋长度＝$2 \times [(300 - 2 \times 15) + (500 - 2 \times 15)] + 2 \times 11.9 \times 10 = 1718$（mm）

（3）箍筋根数

洞宽范围内箍筋根数＝$\dfrac{1900 - 2 \times 50}{200} + 1 = 10$（根）

4.2.1.2　剪力墙连梁（LLk）钢筋

剪力墙连梁钢筋排布构造如图4-13所示。

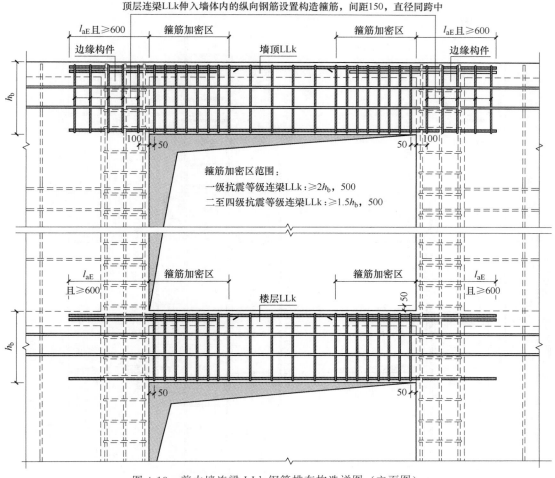

图 4-13 剪力墙连梁 LLk 钢筋排布构造详图（立面图）

l_{aE}—受拉钢筋抗震锚固长度；h_b—连梁截面高度

（1）连梁上部通长钢筋与非贯通钢筋直径相同时，连接位置宜位于跨中 $l_n/3$ 范围内；梁下部钢筋连接位置宜位于支座 $l_n/3$ 范围内，且在同一连接区段内钢筋接头面积百分数不宜大于 50%。

（2）连梁下部纵筋应在跨内通长设置，上部非通长纵筋的截断做法以及纵筋的连接要求均与框架梁相同。

（3）当设计未单独设置连梁侧面纵筋时，墙身水平分布筋作为连梁侧面纵筋在连梁范围内连续拉通配置；当单独设置连梁侧面纵筋时，侧面纵筋伸入洞口以外支座范围的锚固长度为 l_{aE} 且≥600mm。

（4）当连梁纵筋（不包括架立筋）采用绑扎搭接连接时，搭接区内箍筋直径及间距要求与框架梁相同。

（5）顶层连梁纵筋伸入墙肢长度范围内设置的箍筋、梁侧面构造做法均与连梁相同。

4.2.2 剪力墙暗梁钢筋排布构造

剪力墙暗梁钢筋排布构造如图 4-14 所示。

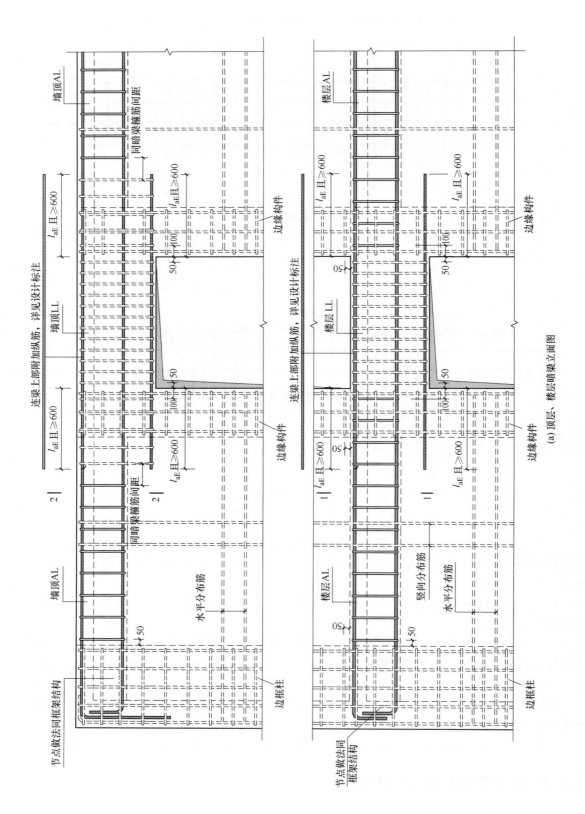

(a) 顶层、楼层暗梁立面图

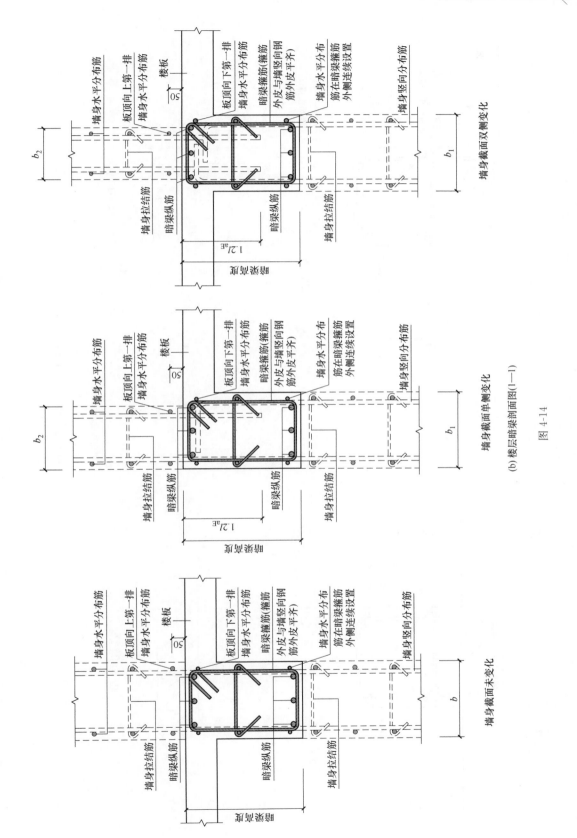

墙身截面双侧变化

墙身截面单侧变化

墙身截面未变化

(b) 楼层暗梁剖面图(1—1)

图 4-14

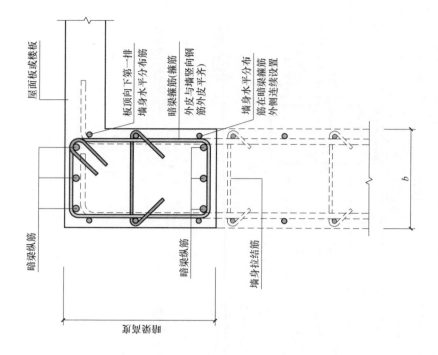

(c) 顶层暗梁剖面图(2—2)

图 4-14 剪力墙暗梁钢筋排布构造

b、b_1、b_2—墙厚；l_{aE}—受拉钢筋抗震锚固长度

（1）暗梁箍筋外皮与剪力墙竖向钢筋外皮平齐，暗梁上、下部纵筋在暗梁箍筋内侧设置，剪力墙水平分布筋作为暗梁侧面纵筋在暗梁箍筋外侧紧靠箍筋外皮连续配置。

（2）剪力墙竖向分布筋连续通过暗梁高度范围。

（3）暗梁箍筋由剪力墙构造边缘构件或约束边缘构件阴影区边缘50mm处开始设置，暗梁与楼面剪力墙连梁相连一端的箍筋设置到距门窗洞口边100mm处。

（4）墙身水平分布钢筋排布以各层楼面标高处为分界，剪力墙层高范围内板顶向上第一排墙身水平分布钢筋距底部板顶50mm。当单独设置连梁腰筋时，需满足梁腰筋间距的相关要求。

（5）当边缘构件封闭箍筋与墙身水平分布筋标高相同时，宜向上或者向下局部调整墙体水平分布筋位置，竖向位移距离为需躲让边缘构件箍筋直径。

（6）施工时可将封闭箍筋弯钩位置设置于暗梁顶部，相邻两组箍筋弯钩位置沿暗梁纵向交错对称排布。

（7）当楼层暗梁位于连梁腰部时，其钢筋排布构造要求与楼层暗梁位于连梁顶部时相同。

（8）暗梁拉筋直径：当梁宽≤350mm时为6mm；梁宽＞350mm时为8mm。拉筋水平间距为2倍箍筋间距，竖向沿侧面水平筋隔一拉一。

4.2.3　剪力墙边框梁钢筋排布构造

剪力墙边框梁钢筋排布构造如图4-15所示。

（1）当边框梁与墙身侧面平齐时，平齐一侧边框梁箍筋外皮与剪力墙竖向钢筋外皮平齐，边框梁侧面纵筋在边框梁箍筋外侧紧靠箍筋外皮设置；当边框梁与墙身侧面不平齐时，边框梁侧面纵筋在边框梁箍筋内设置。

（2）剪力墙竖向分布筋连续贯穿边框梁高度范围。

（3）当设计未单独设置边框梁侧面纵筋时，边框梁侧面纵筋及拉筋与墙身水平分布筋及拉筋规格相同，拉筋排布构造要求同连梁。连梁拉筋直径：当梁宽≤350mm时为6mm；梁宽＞350mm时为8mm。拉筋水平间距为2倍箍筋间距，竖向沿侧面水平筋隔一拉一。

（4）边框梁箍筋距离边框柱边50mm处开始设置。

（5）墙身水平分布钢筋排布以各层楼面标高处为分界，剪力墙层高范围内板顶向上第一排墙身水平分布钢筋距底部板顶50mm。当单独设置连梁腰筋时，需满足梁腰筋间距的相关要求。

（6）当边缘构件封闭箍筋与墙身水平分布筋标高相同时，宜向上或者向下局部调整墙体水平分布筋位置，竖向位移距离为需躲让边缘构件箍筋直径。

（7）施工时可将封闭箍筋弯钩位置设置于边框梁顶部，相邻两组箍筋弯钩位置沿边框梁纵向交错对称排布。

（8）当楼层边框梁位于连梁腰部时，其钢筋排布构造要求与楼层边框梁位于连梁顶部时相同。

4.2.4　剪力墙洞口钢筋排布构造

4.2.4.1　剪力墙矩形洞口钢筋排布构造

剪力墙由于开矩形洞口，需补强钢筋，当设计注写补强纵筋具体数值时，按设计要求；当设计未注明时，依据洞口宽度和高度尺寸，按以下构造要求。

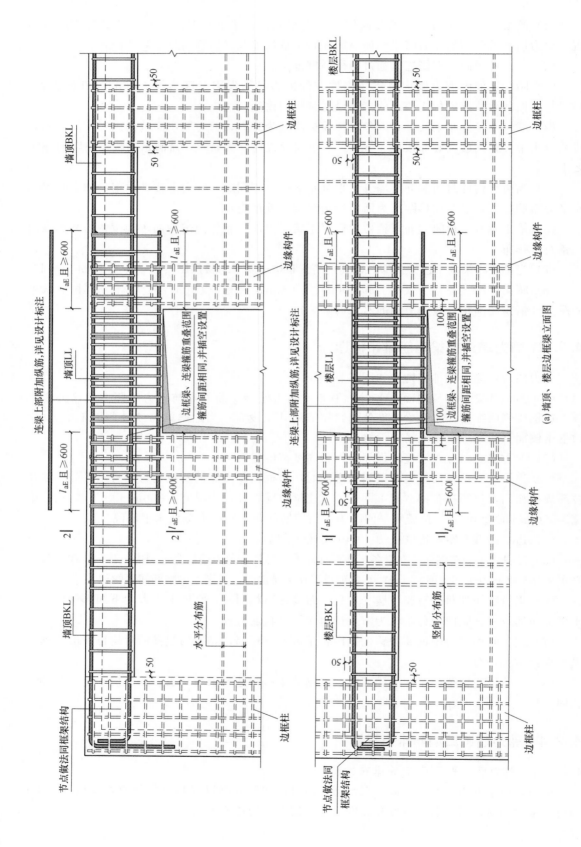

(a) 墙顶、楼层边框梁立面图

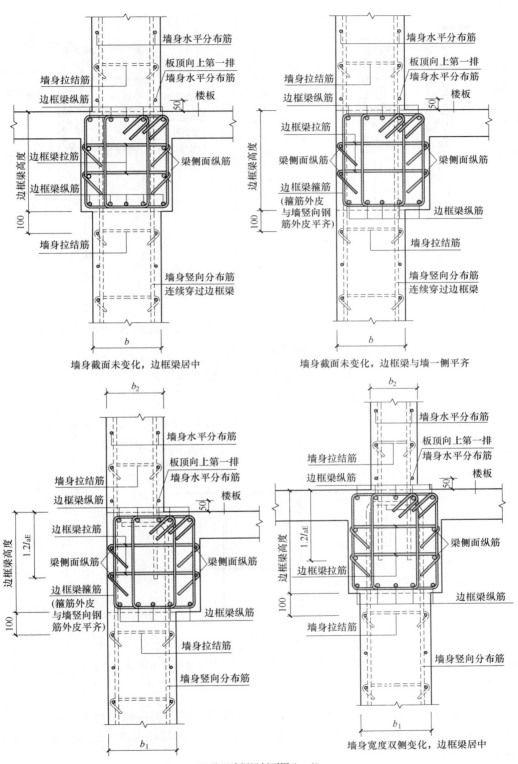

墙身截面未变化，边框梁居中

墙身截面未变化，边框梁与墙一侧平齐

墙身宽度双侧变化，边框梁居中

(b) 楼层边框梁剖面图(1—1)

图 4-15

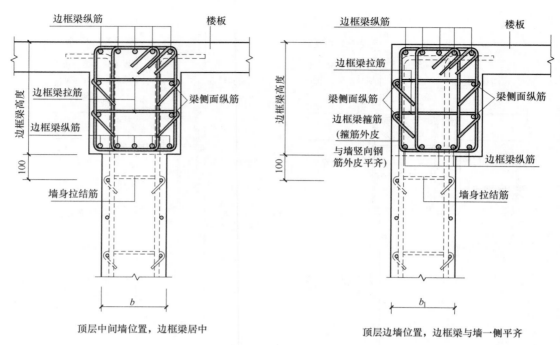

顶层中间墙位置，边框梁居中 顶层边墙位置，边框梁与墙一侧平齐

(c) 墙顶边框梁剖面图(2—2)

图 4-15 剪力墙边框梁钢筋排布构造

b、b_1、b_2—墙厚；l_{aE}—受拉钢筋抗震锚固长度

（1）剪力墙方洞洞边尺寸不大于 800mm 时的洞口需补强钢筋，如图 4-16 所示。

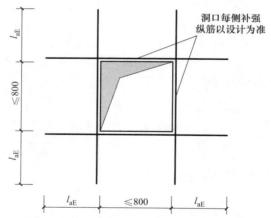

图 4-16 剪力墙洞口钢筋排布构造详图 （方洞洞边尺寸不大于 800mm）

l_{aE}—受拉钢筋抗震锚固长度

    洞口每侧补强钢筋按设计注写值设置。补强钢筋两端锚入墙内的长度为 l_{aE}，洞口被切断的钢筋设置弯钩，弯钩长度为过墙中线加 $5d$ （即墙体两面的弯钩相互交错 $10d$），补强纵筋固定在弯钩内侧。

    （2）剪力墙方洞洞边尺寸大于 800mm 时的洞口需补强暗梁，如图 4-17 所示，配筋具体数值按设计要求。

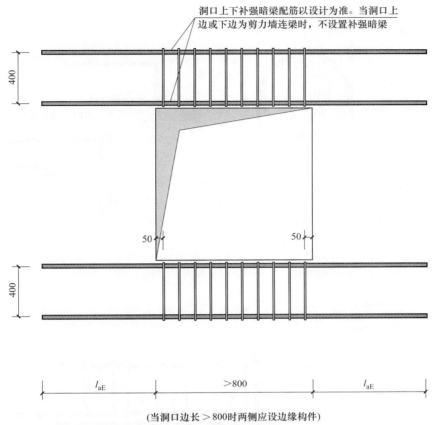

洞口上下补强暗梁配筋以设计为准。当洞口上边或下边为剪力墙连梁时，不设置补强暗梁

l_{aE} >800 l_{aE}

（当洞口边长＞800时两侧应设边缘构件）

图 4-17   剪力墙洞口钢筋排布构造详图（方洞洞边尺寸大于 800mm）

l_{aE}—受拉钢筋抗震锚固长度

    当洞口上边或下边为连梁时，不再重复补强暗梁，洞口竖向两侧设置剪力墙边缘构件。洞口被切断的剪力墙竖向分布钢筋设置弯钩，弯钩长度为 $15d$，在暗梁纵筋内侧锚入梁中。

4.2.4.2   剪力墙圆形洞口补强钢筋构造

    （1）剪力墙圆形洞口直径不大于 300mm 时的洞口需补强钢筋。剪力墙水平分布筋与竖向分布筋遇洞口不截断，均绕洞口边缘通过；或按设计标注在洞口每侧补强纵筋，锚固长度为两边均不小于 l_{aE}，如图 4-18 所示。

    （2）剪力墙圆形洞口直径大于 300mm 但不大于 800mm 的洞口需设置补强钢筋。洞口每侧补强钢筋按设计标注内容设置，锚固长度为均应≥l_{aE}，如图 4-19 所示。

    （3）剪力墙圆形洞口直径大于 800mm 时的洞口需补强钢筋。当洞口上边或下边为剪力墙连梁时，不再重复设置补强暗梁。洞口每侧补强钢筋按设计标注内容设置，

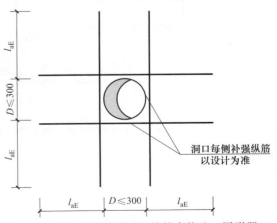

洞口每侧补强纵筋以设计为准

l_{aE} $D \leqslant 300$ l_{aE}

图 4-18   剪力墙圆形洞口钢筋排布构造（圆形洞口直径不大于 300mm）

l_{aE}—受拉钢筋抗震锚固长度；D—圆形洞口直径

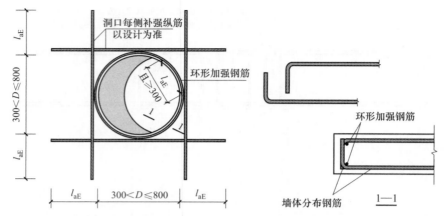

图 4-19　剪力墙圆形洞口钢筋排布构造（圆形洞口直径大于 300mm 但不大于 800mm）

l_{aE}—受拉钢筋抗震锚固长度；D—圆形洞口直径

锚固长度均应≥max（l_{aE}，300mm），如图 4-20 所示。

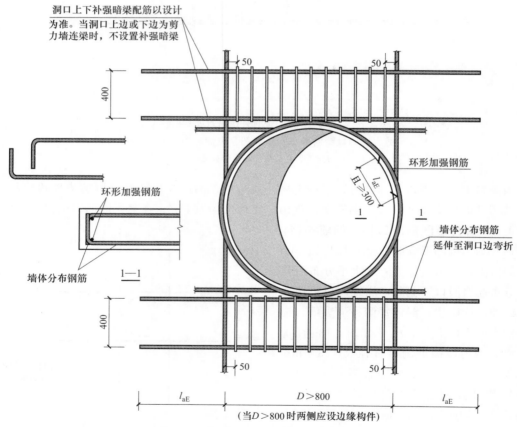

图 4-20　剪力墙圆形洞口钢筋排布构造（圆形洞口直径大于 800mm）

l_{aE}—受拉钢筋抗震锚固长度；D—圆形洞口直径

4.2.4.3　剪力墙连梁洞口

连梁中部有洞口时，洞口边缘距离连梁边缘不小于 max（$h/3$，200）。洞口每侧补强纵筋与补强箍筋按设计标注，补强钢筋的锚固长度为不小于 l_{aE}，如图 4-21 所示。

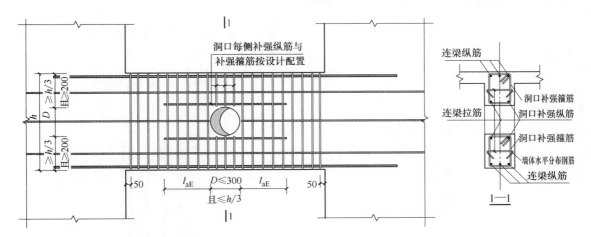

图 4-21　剪力墙连梁洞口钢筋排布构造（圆洞直径不大于 300mm，圆形洞口预埋钢套管）

l_{aE}—受拉钢筋抗震锚固长度；D—圆形洞口直径；h—梁高

【例 4-2】　已知洞口表标注为 JD5　2200mm×2500mm　2.200　6Φ20　Φ8@150，其中，剪力墙厚 250mm，混凝土强度等级为 C25，纵向钢筋为 HRB400 级钢筋，墙身水平分布筋和垂直分布筋均为Φ12@250。试计算剪力墙洞口补强纵筋的长度。

【解】　补强暗梁的纵筋长度＝2200＋2l_{aE}＝2200＋2×40×20＝3800（mm）

每个洞口上下的补强暗梁纵筋总数为 12Φ20。

补强暗梁纵筋的每根长度为 3800mm，但补强暗梁箍筋只在洞口内侧 50mm 处开始设置，所以

一根补强暗梁的箍筋根数＝（2200－50×2）/150＋1＝15（根）

一个洞口上下两根补强暗梁的箍筋总根数为 30 根。

箍筋宽度＝250－2×15－2×12－2×8＝180（mm）

箍筋高度为 400mm，则：箍筋的每根长度＝（180＋400）×2＋30×8＝1400（mm）

4.3　剪力墙柱钢筋排布构造

4.3.1　剪力墙边缘构件竖向钢筋连接位置

剪力墙边缘构件竖向钢筋连接构造如图 4-22 所示。

（1）图 4-22（a）　当采用绑扎搭接时，相邻钢筋交错搭接，搭接的长度≥l_{lE}，错开距离≥0.3l_{lE}。

（2）图 4-22（b）　当采用机械连接时，纵筋机械连接接头错开 35d；机械连接的连接点距离结构层顶面（基础顶面）或底面≥500mm。

（3）图 4-22（c）　当采用焊接连接时，纵筋焊接连接接头错开 35d 且≥500mm；焊接连接的连接点距离结构层顶面（基础顶面）或底面≥500mm。

4.3.2 剪力墙上柱 (QZ) 钢筋排布构造

剪力墙上柱按柱纵筋的锚固情况分为柱向下延伸与墙重叠一层和柱纵筋锚固在墙顶部两种类型。

（1）柱向下延伸与剪力墙重叠一层的墙上柱　剪力墙上柱钢筋排布构造如图4-23所示。

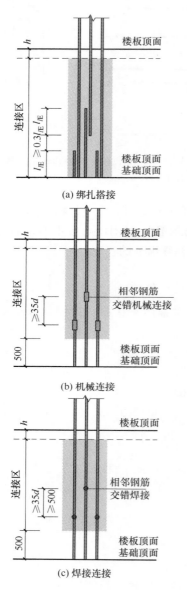

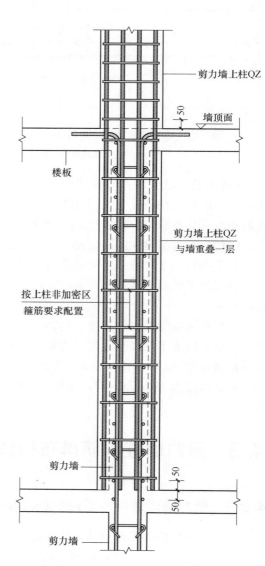

图 4-22　边缘构件竖向钢筋连接位置

l_{lE}—纵向受拉钢筋抗震搭接长度；d—纵向受力钢筋的较大直径；h—楼板厚度、暗梁或边框梁高度的较大值

图 4-23　剪力墙上柱钢筋排布构造
（柱向下延伸与墙重叠一层）

（2）柱纵筋锚固在墙顶部　剪力墙上柱钢筋排布构造如图4-24所示。

（3）图4-23、图4-24中墙上起柱的嵌固部位为墙顶面。

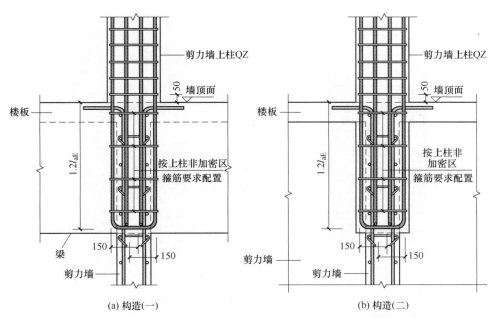

图 4-24 剪力墙上柱钢筋排布构造（柱纵筋墙顶锚固）

l_{aE}—受拉钢筋抗震锚固长度

（4）墙上起柱，在墙顶面标高以下锚固范围内的柱箍筋按上柱非加密区箍筋要求配置。

（5）图 4-24 中，墙体的平面外方向应设梁，以平衡柱脚在该方向的弯矩。

4.3.3 框支梁 KZL 钢筋排布构造

框支梁 KZL 钢筋排布构造如图 4-25 所示。

（1）框支梁第一排上部纵筋为通长筋。第二排上部纵筋在端支座附近断在 $l_{n1}/3$ 处，在中间支座附近断在 $l_n/3$ 处（l_{n1} 为本跨的跨度值；l_n 为相邻两跨的较大跨度值）。

（2）框支梁上部纵筋伸入支座对边之后向下弯锚，通过梁底线后再下插 l_{aE}，其直锚水平段 $\geqslant 0.4l_{abE}$。

（3）框支梁侧面纵筋是全梁贯通，在梁端部直锚长度 $\geqslant 0.4l_{abE}$，弯折长度 15d。

（4）框支梁下部纵筋在梁端部直锚长度 $\geqslant 0.4l_{abE}$，且向上弯折 15d。

（5）当框支梁的下部纵筋和侧面纵筋直锚长度 $\geqslant l_{aE}$ 时，可不必向上或水平弯锚。

（6）框支梁箍筋加密区长度为 $\geqslant 0.2l_{n1}$ 且 $\geqslant 1.5h_b$。

（7）框支梁拉筋直径不宜小于箍筋，水平间距为非加密区箍筋间距的 2 倍，竖向沿梁高间距 $\leqslant 200mm$，上下相邻两排拉筋错开设置。

4.3.4 转换柱配筋构造

转换柱的配筋构造，如图 4-26、图 4-27 所示。

（1）转换柱纵向钢筋的连接构造同框架柱，宜采用机械连接接头。

（2）转换柱纵向钢筋间距均不应小于 80mm，净距不应小于 50mm 且不宜大于 200mm。

（3）图 4-26 左图中间三根长纵筋表示延伸到上层剪力墙楼板顶的转换柱纵向钢筋。

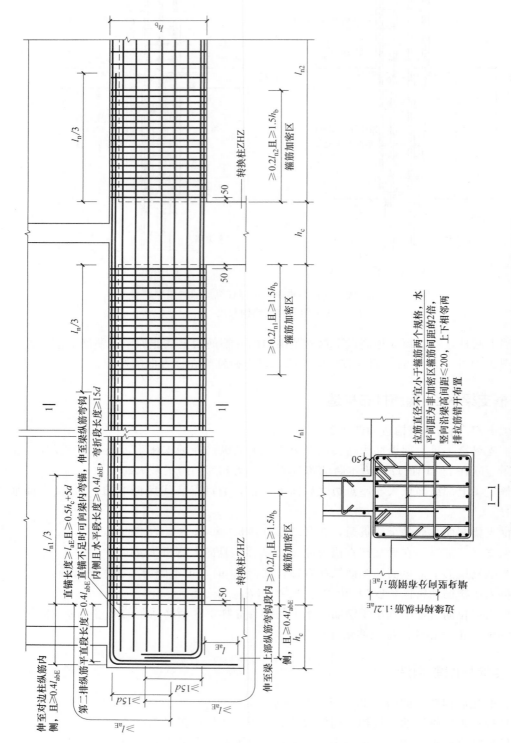

图4-25 框支梁钢筋排布构造［也可用于托柱转换梁（KZL）］

l_n—相邻两跨的较大跨度值；l_{n1}、l_{n2}—边跨的净跨长度；l_{abE}—抗震设计时受拉钢筋基本锚固长度；d—钢筋直径；

l_{aE}—受拉钢筋抗震锚固长度；h_b—梁截面高度；h_c—柱截面沿框架方向的高度

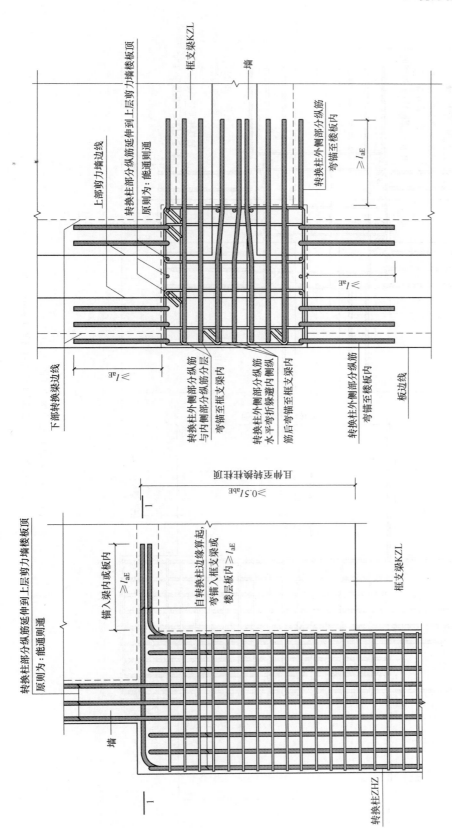

图 4-26 转换柱配筋构造详图（一）

l_{aE}—受拉钢筋抗震锚固长度；l_{abE}—抗震设计时受拉钢筋基本锚固长度

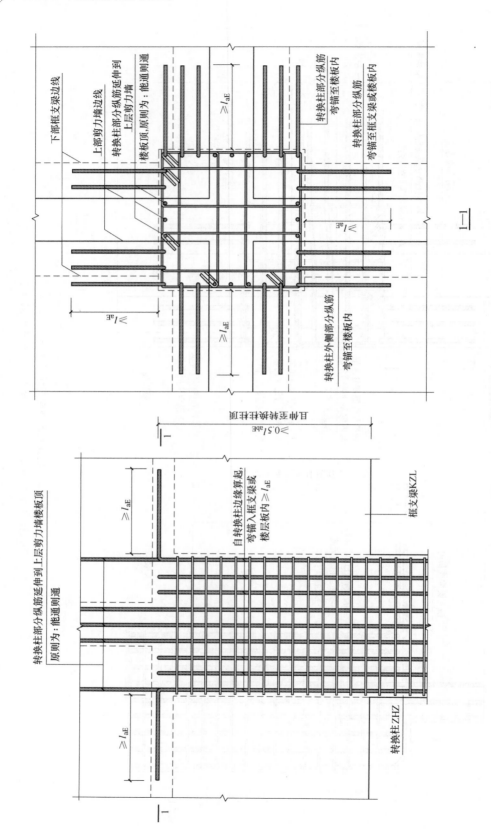

图 4-27　转换柱配筋构造详图（二）

l_{aE}—受拉钢筋抗震锚固长度；l_{abE}—抗震设计时受拉钢筋基本锚固长度

5

板构件平法识图

5.1 普通板的钢筋排布构造

5.1.1 不等跨板上部贯通纵向钢筋连接排布构造

不等跨板上部贯通纵向钢筋连接排布构造，可分为三种情况，如图 5-1 所示。

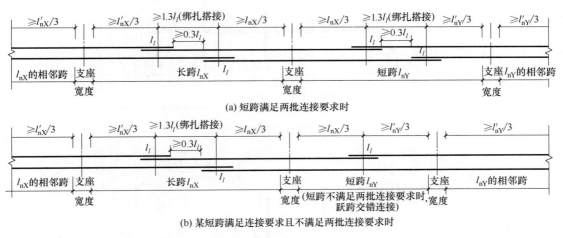

(a) 短跨满足两批连接要求时

(b) 某短跨满足连接要求且不满足两批连接要求时

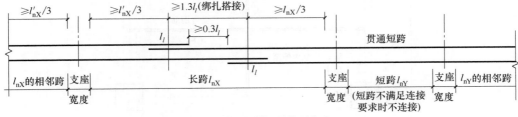

(c) 某短跨不满足连接要求时

图 5-1　不等跨板上部贯通纵向钢筋连接排布构造

l_{nX}、l_{nY}—长跨、短跨的净跨长度；l'_{nX}、l'_{nY}—相邻两跨的较大净跨度值；l_l—纵向受拉钢筋搭接长度

（1）当钢筋足够长时能通则通。

（2）当相邻连续板的跨度相差大于20%时，板上部钢筋伸入跨内的长度应由设计确定。

（3）板贯通钢筋无论是采用搭接连接，还是机械连接或焊接，其位于同一连接区段内的钢筋接头面积百分数不应大于50%。具体何种钢筋采用何种连接方式，应以设计要求为准。

（4）板相邻跨贯通钢筋配置不同时，应将配置较大者延伸到配置较小者跨中连接区域内连接。

5.1.2 楼板、屋面板钢筋排布构造

5.1.2.1 楼板、屋面板下部钢筋排布构造

楼板、屋面板下部钢筋排布构造如图5-2所示。

（1）图5-2中板支座均按梁绘制，当板支座为混凝土剪力墙时，板下部钢筋排布构造做法相同。

（2）双向板下部双向交叉钢筋上、下位置关系应按具体设计说明排布；当设计未说明时，短跨方向钢筋应置于长跨方向钢筋之下。

（3）当下部受力钢筋采用HPB300级时，其末端应做180°弯钩。

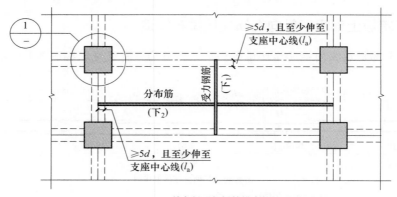

(a) 单向板下部钢筋排布构造

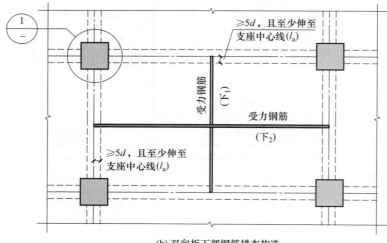

(b) 双向板下部钢筋排布构造

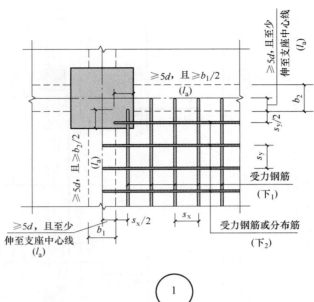

(c) ①剖面图

图 5-2 楼板、屋面板下部钢筋排布构造

d—钢筋直径；l_n—受拉钢筋锚固长度；b_1、b_2—在轴线左右两边的宽度；s_x、s_y—受力钢筋或分布筋的设定间距

（4）图 5-2 中括号内的锚固长度适用于以下情形。

① 在梁板式转换层的板中，受力钢筋伸入支座的锚固长度应为 l_{aE}。

② 当连续板内温度、收缩应力较大时，板下部钢筋伸入支座锚固长度应按设计要求；当设计未指定时，取为 l_a。

（5）当下部贯通筋兼作抗温度钢筋时，其在支座的锚固由设计指定。

5.1.2.2 楼板、屋面板上部钢筋排布构造

楼板、屋面板上部钢筋排布构造如图 5-3 所示。

（1）图 5-3 中板支座均按梁绘制，当支座为混凝土剪力墙时，板上部钢筋排布规则相同。

（2）分布筋自身及与受力主筋、构造钢筋的搭接长度为 150mm；当分布筋兼作抗温度、收缩应力构造钢筋时，其自身及与受力主筋、构造钢筋的搭接长度为 l_l，其在支座中的锚固按受拉要求考虑。

（3）双向或单向连续板中间支座上部贯通纵筋不应在支座位置连接或分别锚固。

（4）当相邻两跨板的上部贯通纵筋配置相同，且跨中部位有足够空间连接时，可在两跨任意一跨的跨中连接部位进行连接；当相邻两跨的上部贯通纵筋配置不同时，应将配置较大者越过其标注的跨数终点或起点伸至相邻跨的跨中连接区域连接。

（5）当板的上部已配置有贯通纵筋，但需增配板支座上部非贯通纵筋时，应结合已配置的同向贯通纵筋的直径与间距采取隔一布一方式。

（6）抗温度、收缩应力构造钢筋可利用原有钢筋贯通布置，也可另行设置钢筋与原有钢筋按受拉钢筋的要求搭接或在周边构件中锚固。板上、下贯通纵筋可兼作抗温度、收缩应力构造钢筋。

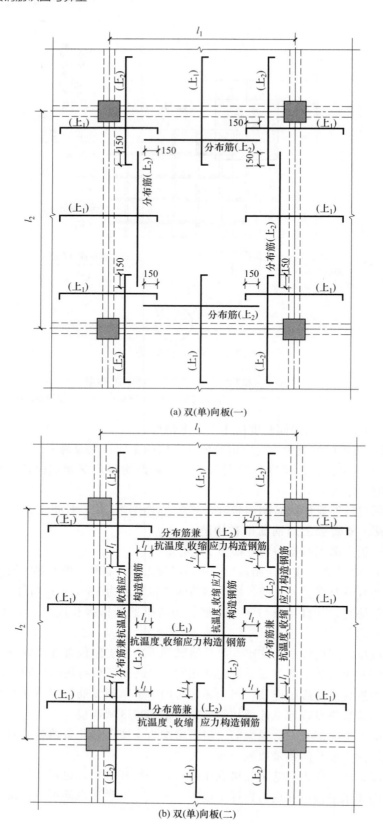

(a) 双(单)向板(一)

(b) 双(单)向板(二)

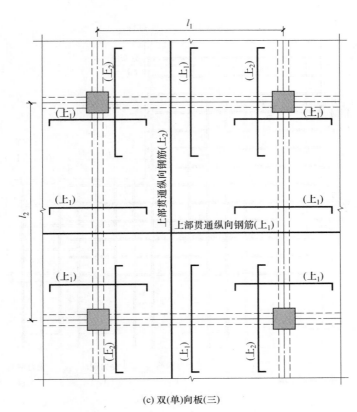

(c) 双(单)向板(三)

图 5-3 楼板、屋面板上部钢筋排布构造

l_1、l_2—板上部钢筋自支座边缘向跨内延伸长度；l_l—纵向受拉钢筋搭接长度

5.1.3 悬挑板钢筋排布构造

5.1.3.1 悬挑板阴角钢筋排布构造

悬挑板阴角上部钢筋排布构造如图 5-4 所示，悬挑板阴角下部钢筋排布构造如图 5-5 所示。

（1）板分布筋自身及与受力主筋、构造钢筋的搭接长度为 150mm；当分布筋兼作抗温度、收缩应力构造钢筋时，其自身与受力主筋、构造钢筋的搭接长度为 l_l；其在支座的锚固按受拉要求考虑。

（2）当采用抗温度、收缩应力构造钢筋时，其自身及与受力主筋搭接长度为 l_l。

5.1.3.2 悬挑板阳角钢筋排布构造

（1）悬挑板阳角类型 A 悬挑板阳角类型 A 上部钢筋排布构造如图 5-6 所示，类型 A 下部钢筋排布构造如图 5-7 所示。

① 板分布筋自身及与受力主筋、构造钢筋的搭接长度为 150mm；当分布筋兼作抗温度、收缩应力构造钢筋时，其自身与受力主筋、构造钢筋的搭接长度为 l_l；其在支座的锚固按受拉要求考虑。

② 当采用抗温度、收缩应力构造钢筋时，其自身及与受力主筋搭接长度为 l_l。

③ 图 5-7 中 l_{aE} 数值用于需要考虑竖向地震作用时，由设计指定。

（2）悬挑板阳角类型 B 悬挑板阳角类型 B 上部钢筋排布构造如图 5-8 所示，类型 B 下部钢筋排布构造如图 5-7 所示。

悬挑板

分布筋
(上$_2$)

受力
钢筋
①
(上$_1$)

150

l_a

l_a

分布筋
(上$_2$～上$_1$)

受力
钢筋
①a
(上$_1$)

$s_y/2$　s_y

150

跨内板

梁或混凝土墙　$s_x/2$　s_x

受力钢筋
(上$_2$) ②a

受力钢筋
(上$_2$) ②

受力钢筋
(上$_1$) ②

(a) 构造(一)

悬挑板

分布筋
(上$_2$)

受力钢筋
①
(上$_1$)

斜向加强筋(上$_3$)
间距不大于100,
直径由设计指定

分布筋
(上$_2$～上$_1$)

150

$s_y/2$　s_y

跨内板

150

梁或混凝土墙　$s_x/2$　s_x

受力钢筋
(上$_2$) ②

受力钢筋
(上$_1$) ②

(b) 构造(二)

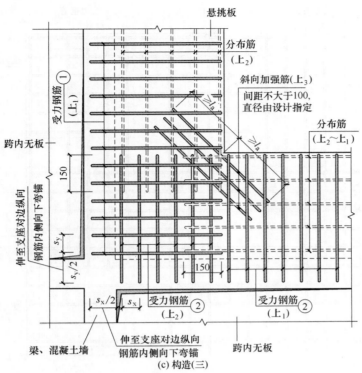

图 5-4　悬挑板阴角上部钢筋排布构造

s_x、s_y—受力钢筋或分布筋的设定间距；l_a—受拉钢筋锚固长度

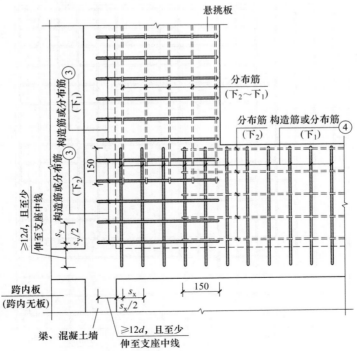

图 5-5　悬挑板阴角下部钢筋排布构造

s_x、s_y—受力钢筋或分布筋的设定间距；d—钢筋直径

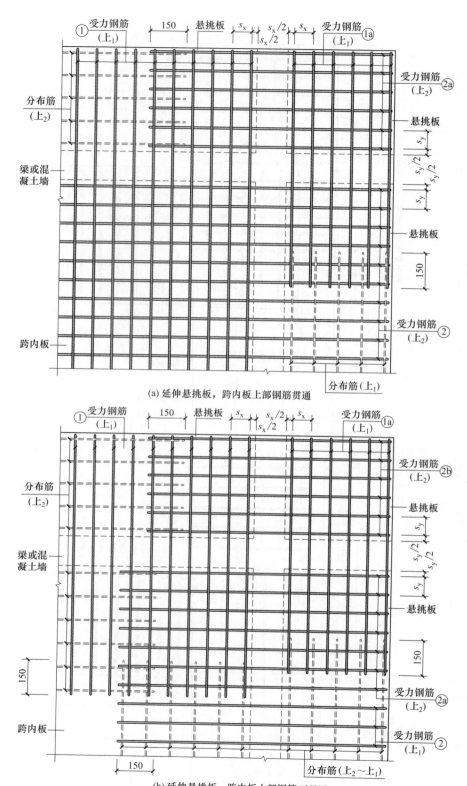

图 5-6　悬挑板阳角类型 A 上部钢筋排布构造

s_x、s_y—受力钢筋或分布筋的设定间距

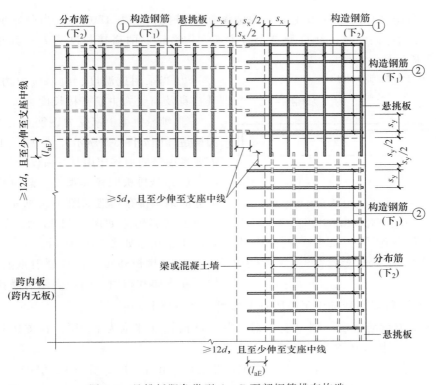

图 5-7 悬挑板阳角类型 A、B 下部钢筋排布构造

s_x、s_y—受力钢筋或分布筋的设定间距；d—钢筋直径；l_{aE}—受拉钢筋抗震锚固长度

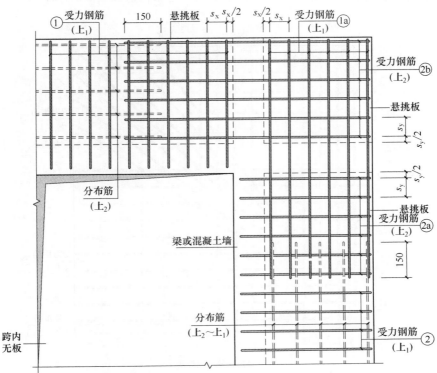

图 5-8 悬挑板阳角类型 B 上部钢筋排布构造（纯悬挑梁）

s_x、s_y—受力钢筋或分布筋的设定间距

① 板分布筋自身及与受力主筋、构造钢筋的搭接长度为150mm；当分布筋兼作抗温度、收缩应力构造钢筋时，其自身与受力主筋、构造钢筋的搭接长度为 l_l；其在支座的锚固按受拉要求考虑。

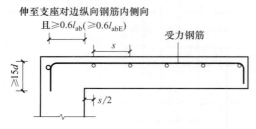

图 5-9　纯悬挑梁上部受力钢筋在支座
内弯折锚固构造详图

l_{ab}—受拉钢筋基本锚固长度；l_{abE}—抗震设计时受拉钢筋
基本锚固长度；d—钢筋直径；s—所对应板钢筋间距

② 当采用抗温度、收缩应力构造钢筋时，其自身及与受力主筋搭接长度为 l_l。

③ 纯悬挑梁上部受力钢筋在支座内弯折锚固构造详图如图 5-9 所示，其中括号内数值用于需要考虑竖向地震作用时，由设计指定。

（3）悬挑板阳角类型 C　悬挑板阳角类型 C 上部钢筋排布构造如图 5-10 所示，类型 C 上部放射钢筋构造如图 5-11 所示，类型 C 下部钢筋排布构造如图 5-12 所示。

① 悬挑板外转角位置放射钢筋③位于上$_1$层，在支座和跨内（图中表示为悬挑板侧支座边线以内）向下斜弯到悬挑板阳角所有上部钢筋之下至上$_3$层。

② 图中受力钢筋的上$_2$～上$_1$表示钢筋在悬挑板悬挑部位为上$_2$层、在支座和跨内位置斜弯至上$_1$层，弯折起始点为悬挑板侧支座边线。

③ 分布钢筋的上$_1$～上$_2$表示与放射钢筋相交位置由上$_1$层弯折至上$_2$层。

（4）悬挑板阳角类型 D　悬挑板阳角类型 D 上部钢筋排布构造如图 5-13 所示，类型 D 上部放射钢筋构造如图 5-14 所示，类型 D 下部钢筋排布构造如图 5-12 所示。

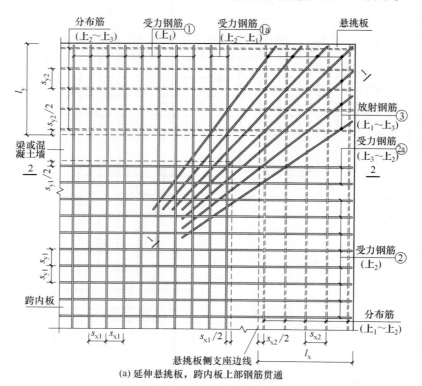

(a) 延伸悬挑板，跨内板上部钢筋贯通

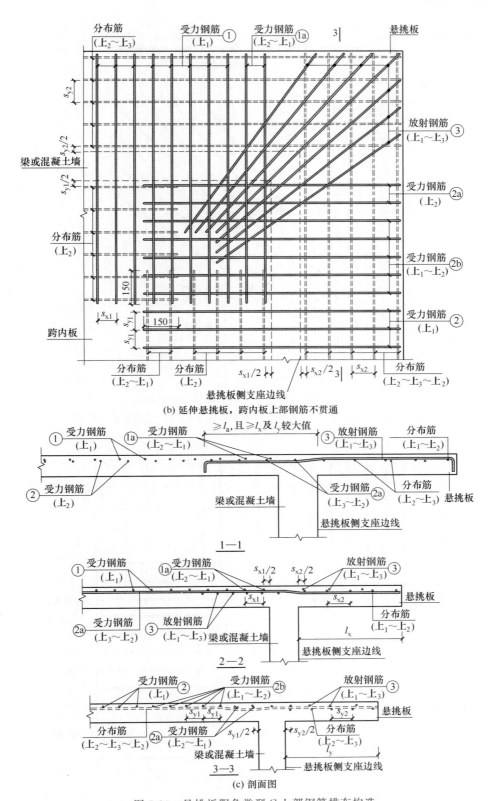

(b) 延伸悬挑板，跨内板上部钢筋不贯通

1—1

2—2

3—3

(c) 剖面图

图 5-10 悬挑板阳角类型 C 上部钢筋排布构造

s_x、s_y—受力钢筋或分布筋的设定间距；l_x、l_y—x、y 方向的悬挑长度；l_a—受拉钢筋锚固长度

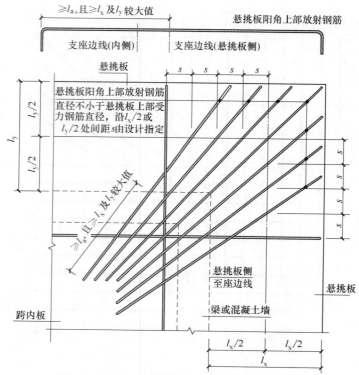

图 5-11 悬挑板阳角类型 C 上部放射钢筋构造

s—所对应板钢筋间距；l_x、l_y—x、y 方向的悬挑长度；l_n—受拉钢筋锚固长度

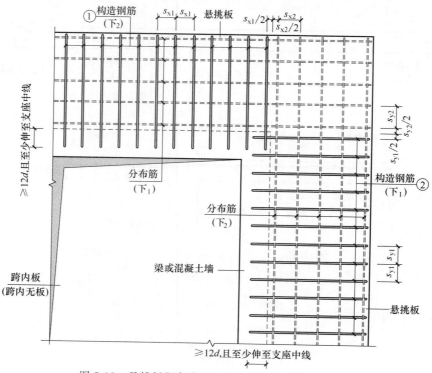

图 5-12 悬挑板阳角类型 C、D 下部钢筋排布构造

s_x、s_y—受力钢筋或分布筋的设定间距；d—钢筋直径

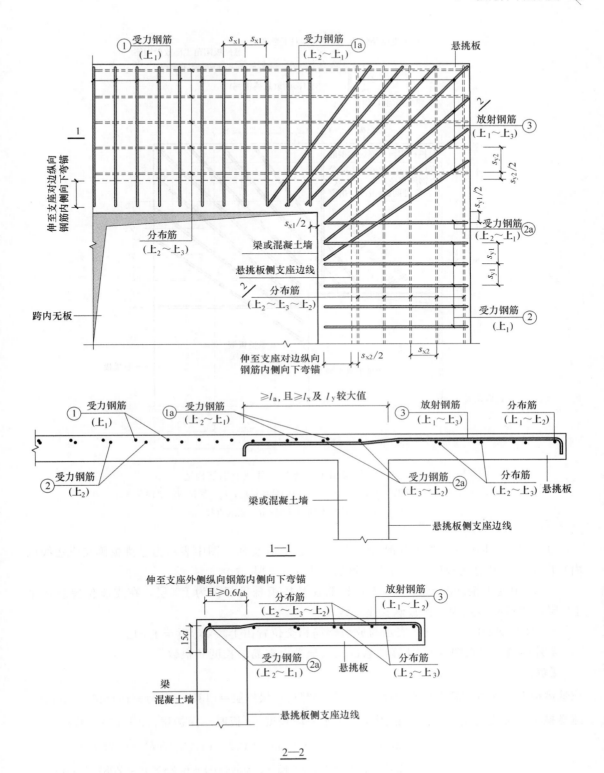

图 5-13 悬挑板阳角类型 D 上部钢筋排布构造

s_x、s_y—受力钢筋或分布筋的设定间距；l_x、l_y—x、y 方向的悬挑长度；l_a—受拉钢筋锚固长度；

l_{ab}—受拉钢筋基本锚固长度；d—钢筋直径

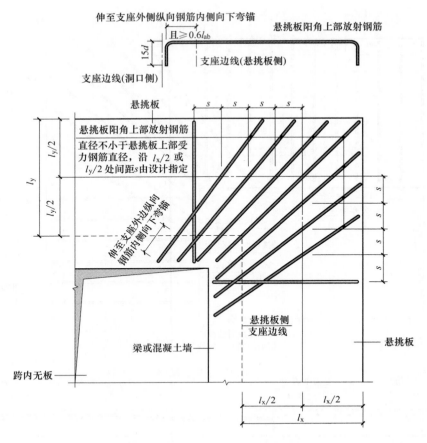

图 5-14 悬挑板阳角类型 D 上部放射钢筋构造

s—所对应板钢筋间距；l_x、l_y—x、y 方向的悬挑长度；l_a—受拉钢筋锚固长度；

l_{ab}—受拉钢筋基本锚固长度；d—钢筋直径

① 悬挑板外转角位置放射钢筋③位于上$_1$层，在支座（图中表示为悬挑板侧支座边线以内）向下斜弯到悬挑板阳角所有上部钢筋之下至上$_3$层。

② 图中受力钢筋的上$_2$～上$_1$表示钢筋在悬挑板悬挑部位为上$_2$层，在支座位置斜弯至上$_1$层，弯折起始点为悬挑板侧支座边线。

③ 分布钢筋的上$_2$～上$_3$表示与放射钢筋相交位置由上$_2$层弯折至上$_3$层。

【例 5-1】 根据图 5-15 计算纯悬挑板上部受力钢筋的长度和根数。

【解】

纯悬挑板上部受力钢筋水平段长度＝悬挑板净跨长－保护层＝(1800－150)－15＝1635（mm）

纯悬挑板上部受力钢筋长度＝锚固长度＋水平段长度＋（板厚－保护层×2＋5d）＋弯钩

$$＝\max(24d,250)＋1635＋(120－15×2＋5d)＋6.25d$$

$$＝250＋1635＋(120－15×2＋5×10)＋6.25×10＝2087.5（mm）$$

纯悬挑板上部受力钢筋根数＝$\dfrac{悬挑板长度－板保护层 c×2}{上部受力钢筋间距}＋1＝\dfrac{7130－15×2}{100}＋1＝72（根）$

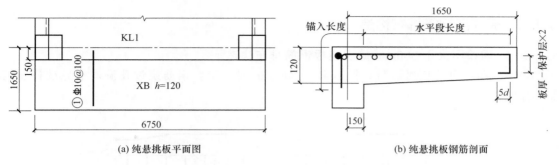

(a) 纯悬挑板平面图　　　　　　　　　(b) 纯悬挑板钢筋剖面

图 5-15　纯悬挑板上部受力钢筋

d—钢筋直径；h—板厚

5.1.4　板翻边钢筋构造

板翻边钢筋构造如图 5-16 所示。板翻边可为上翻也可为下翻，翻边尺寸等在引注内容中表达，翻边高度在标准构造详图中为小于或等于 300mm。当翻边高度大于 300mm 时，由设计者自行处理。

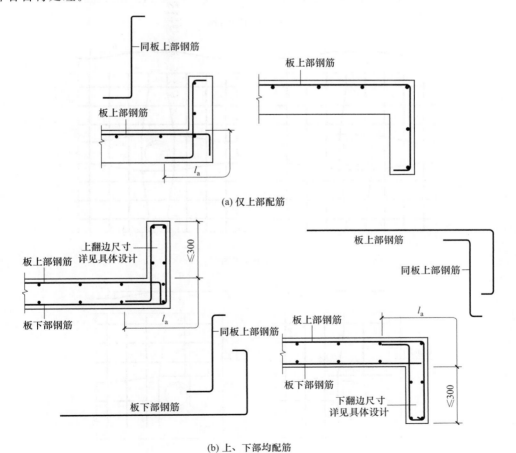

(a) 仅上部配筋

(b) 上、下部均配筋

图 5-16　板翻边钢筋构造

l_a—受拉钢筋锚固长度

5.1.5 板开洞钢筋排布构造

5.1.5.1 洞口不大于300mm的现浇板钢筋排布构造

当矩形洞口边长和圆形洞直径不大于 300mm 时，受力钢筋绕过孔洞，不另设补强钢筋，如图 5-17 所示。

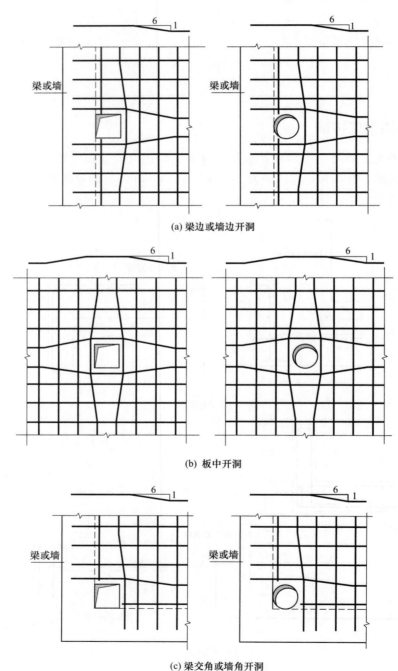

(a) 梁边或墙边开洞

(b) 板中开洞

(c) 梁交角或墙角开洞

图 5-17 洞口不大于 300mm 的现浇板钢筋排布构造（洞边无集中荷载）

5.1.5.2 洞口大于 300mm 且不大于 1000mm 的现浇板钢筋排布构造

当矩形洞口边长或圆形洞口直径大于 300mm 且不大于 1000mm 的现浇板钢筋排布构造如图 5-18 和图 5-19 所示。

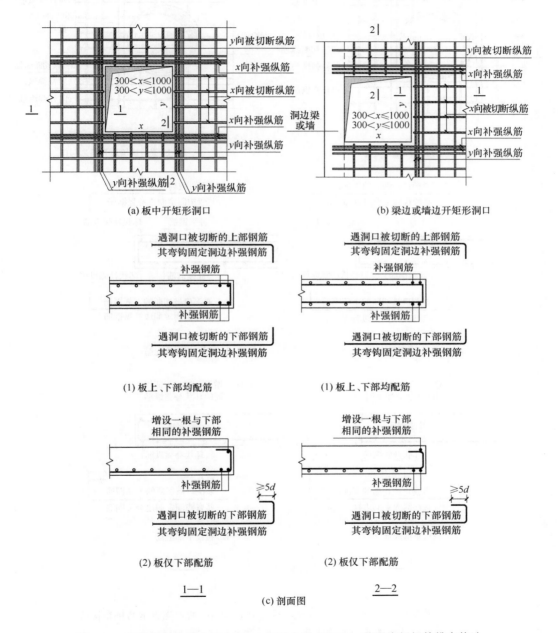

图 5-18 矩形洞口边长大于 300mm 且不大于 1000mm 的现浇板钢筋排布构造
d—钢筋直径

(1) 当设计注写补强钢筋时,应按注写的规格、数量与长度值补强。当设计未注写时,x 向、y 向分别按每边配置两根直径不小于 12mm 且不小于同向被切断纵向钢筋总面积的 50% 补强,补强钢筋与被切断钢筋布置在同一层面,两根补强钢筋之间的净距为 30mm。

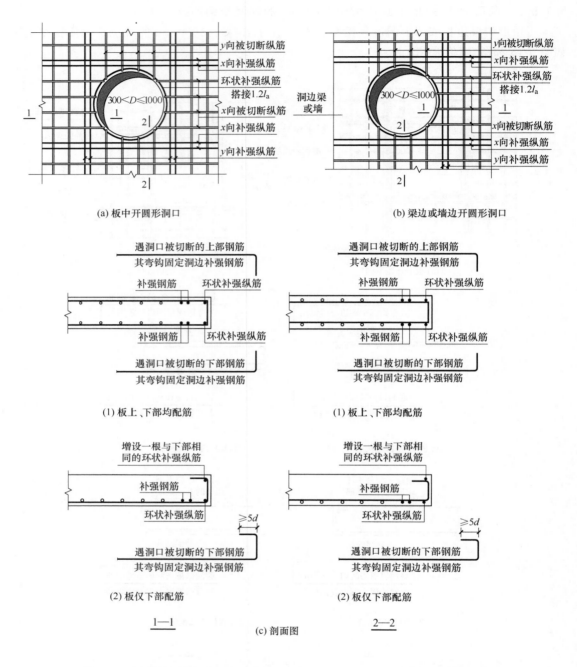

图 5-19　圆形洞口直径大于 300mm 且不大于 1000mm 的现浇板钢筋排布构造

l_a—受拉钢筋锚固长度；d—钢筋直径；D—洞口直径

（2）补强钢筋的强度等级与被切断钢筋相同。

（3）图 5-19 中洞口环向上下各配置一根直径不小于 10mm 的钢筋补强。

（4）x 向、y 向补强纵筋伸入支座的锚固方式同板中受力钢筋；当不伸入支座时，设计应标注。

5.1.6　局部升降板钢筋排布构造

局部升降板钢筋排布构造如图 5-20 所示。

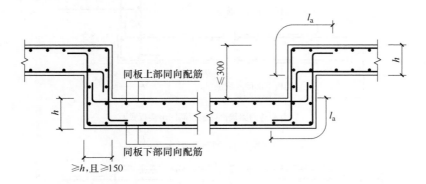

(a) 局部降板顶面凹出楼板底面

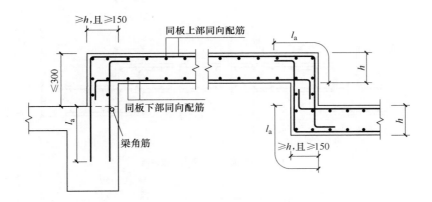

(b) 板边为梁局部升板底面凸出楼板顶面

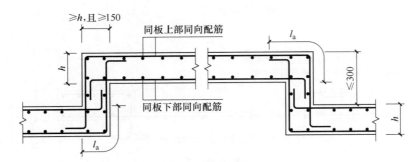

(c) 局部升板底面凸出楼板顶面

图 5-20

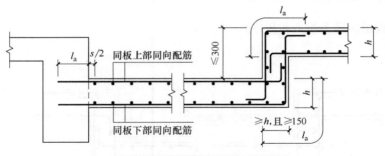

(d) 板边为梁局部降板顶面凹出楼板底面

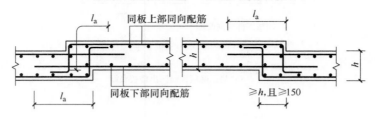

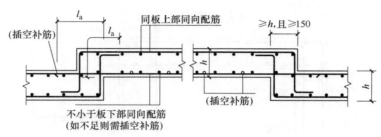

(e) 局部升板底面未凸出楼板顶面

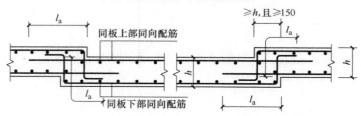

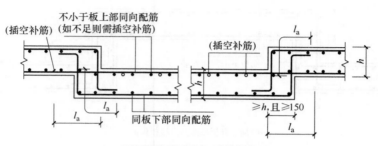

(f) 局部降板顶面未凹出楼板底面

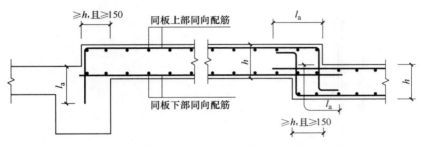

(g) 板边为梁局部升板底面未凸出楼板顶面

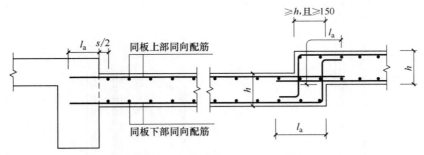

(h) 板边为梁局部降板顶面未凹出楼板底面

图 5-20　局部升降板钢筋排布构造

l_a—受拉钢筋锚固长度；s—楼板钢筋间距；h—板厚

（1）局部升降板升高与降低的高度限定为≤300mm，当高度＞300mm 时，设计方应补充配筋构造图。

（2）由于受力状况各有不同，局部升降板的配筋及其形状、钢筋的构造要求应以设计为准。

（3）局部升降板的下部与上部配筋宜为双向贯通筋。

5.2 无梁楼盖的钢筋排布构造

5.2.1 无梁楼盖柱上板带（ZSB）与跨中板带（KZB）纵向钢筋排布构造

无梁楼盖柱上板带与跨中板带纵向钢筋连接区如图 5-21 所示。

（1）板贯通钢筋除搭接连接外，也可采用机械连接或焊接，且同一连接区段内钢筋接头百分数不宜大于 50%。

（2）当相邻等跨或不等跨的上部贯通纵筋配置不同时，应将配置较大者越过其标注的跨数终点或起点伸出至相邻跨的跨中连接区域连接。

（3）无梁楼盖板底纵向普通钢筋的连接位置宜在距柱面 l_{aE} 与 2 倍板厚的较大值以外，且应避开板底受拉区范围。

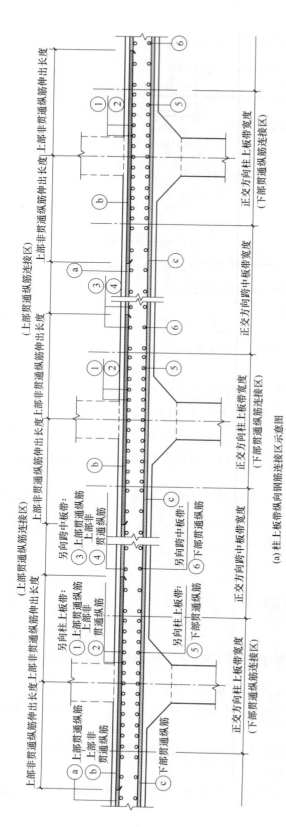

(a) 柱上板带纵向钢筋连接区示意图

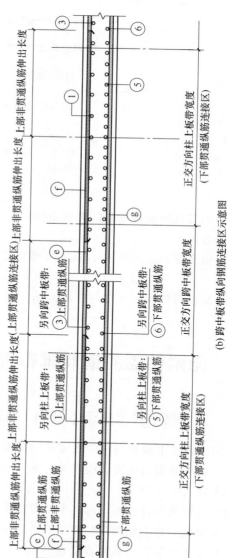

(b) 跨中板带纵向钢筋连接区示意图

图5-21 无梁楼盖柱上板带与跨中板带纵向钢筋连接区示意

5.2.2　柱上板带与跨中板带端支座连接节点构造

5.2.2.1　柱上板带端支座连接节点构造

柱上板带与剪力墙连接节点构造如图 5-22 所示，柱上板带与边框梁、中间层柱连接节点构造如图 5-23 所示。

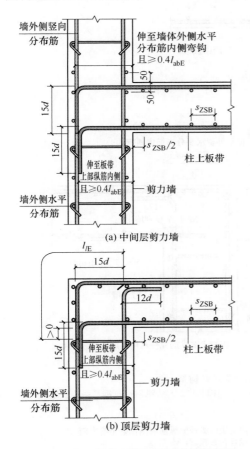

图 5-22　柱上板带与剪力墙连接节点构造

s_{ZSB}—柱上板带的钢筋间距；d—钢筋直径；

l_{abE}—抗震设计时受拉钢筋基本锚固长度；

l_{lE}—纵向受拉钢筋抗震搭接长度

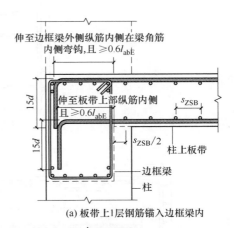

图 5-23　柱上板带与边框梁、中间

层柱连接节点构造

s_{ZSB}—柱上板带的钢筋间距；d—钢筋直径；

l_{abE}—抗震设计时受拉钢筋基本锚固长度

（1）当锚固钢筋的保护层厚度不大于 $5d$ 时，锚固钢筋长度范围内应设置横向构造钢筋，其直径不应小于 $d/4$（d 为锚固钢筋的最大直径），间距不应大于 $10d$，且均不应大于 100mm（d 为锚固钢筋的最小直径）。

（2）图 5-22（b）中，板纵筋在支座部位的锚固长度范围内保护层厚度不大于 $5d$ 时，与其交叉的另一个方向纵筋间距需满足锚固区横向钢筋的要求；如不满足，应补充锚固区附加横向钢筋。

5.2.2.2　跨中板带端支座连接节点构造

跨中板带与剪力墙连接节点构造如图 5-24 所示，跨中板带与边框梁连接节点构造如图 5-25 所示。

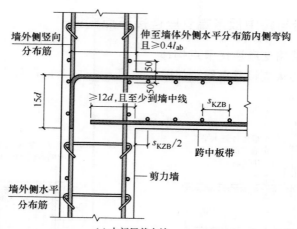

(a) 中间层剪力墙

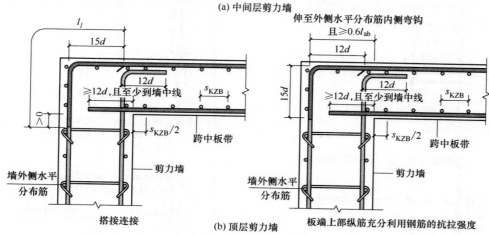

搭接连接   (b) 顶层剪力墙   板端上部纵筋充分利用钢筋的抗拉强度

图 5-24 跨中板带与剪力墙连接节点构造

s_{KZB}—跨中板带的钢筋间距；d—钢筋直径；l_{ab}—受拉钢筋基本锚固长度；l_l—纵向受拉钢筋搭接长度

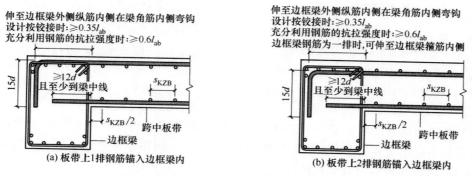

(a) 板带上1排钢筋锚入边框梁内   (b) 板带上2排钢筋锚入边框梁内

图 5-25 跨中板带与边框梁连接节点构造

s_{KZB}—跨中板带的钢筋间距；d—钢筋直径；l_{ab}—受拉钢筋基本锚固长度

（1）当锚固钢筋的保护层厚度不大于 $5d$ 时，锚固钢筋长度范围内应设置横向构造钢筋，其直径不应小于 $d/4$（d 为锚固钢筋的最大直径），间距不应大于 $10d$，且均不应大于 100mm（d 为锚固钢筋的最小直径）。

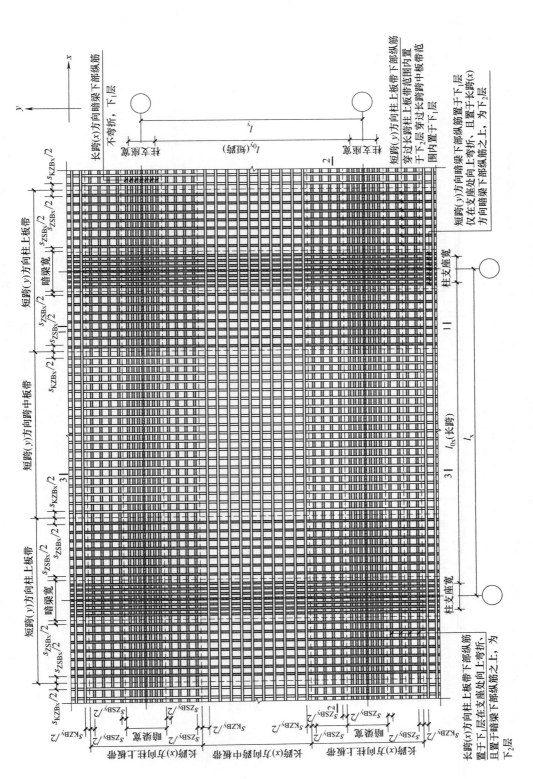

图 5-26

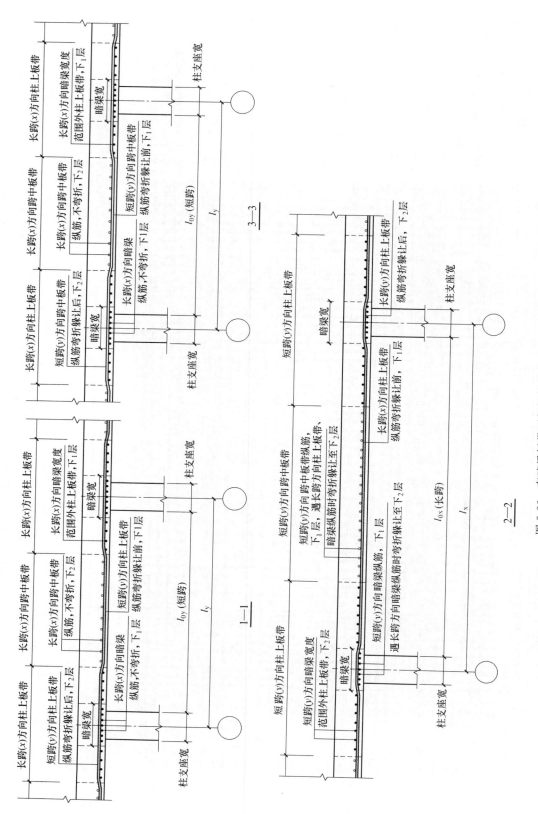

图 5-26 有暗梁板带下部钢筋排布平面示意图

s_{KZlbx}、s_{KZlby} ——柱上板带的设定间距；s_{ZSlbx}、s_{ZSlby} ——跨中板带的设定间距；l_x、l_y ——x、y 方向的设定间距；l_{0x}、l_{0y} ——长跨、短跨方向的悬挑长度

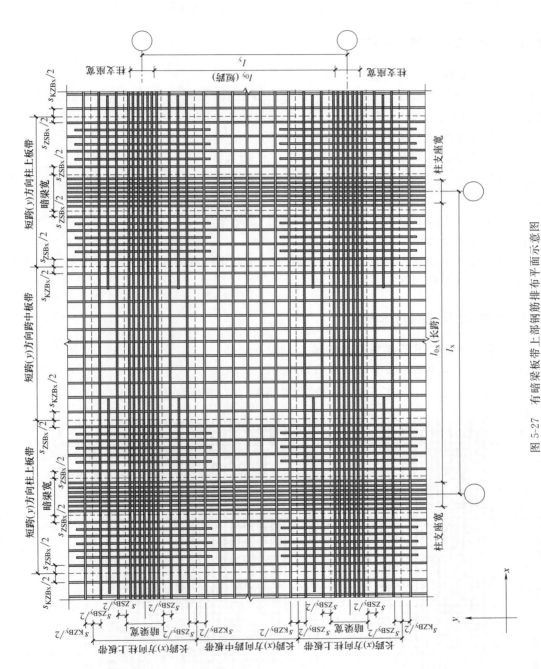

图 5-27 有暗梁板带上部钢筋排布平面示意图

s_{KZBx}、s_{KZBy}——柱上板带的设定间距；s_{ZSBx}、s_{ZSBy}——跨中板带的设定间距；l_x、l_y——x、y 方向的设定间距；l_{0x}、l_{0y}——长跨、短跨方向的悬挑长度

（2）图5-24（b）中，板纵筋在支座部位的锚固长度范围内保护层厚度不大于 $5d$ 时，与其交叉的另一个方向纵筋间距需满足锚固区横向钢筋的要求；如不满足，应补充锚固区附加横向钢筋。

（3）图5-25 中"设计按铰接时""充分利用钢筋的抗拉强度时"由设计方指定。

5.2.3 有暗梁板带钢筋排布构造

5.2.3.1 有暗梁板带下部钢筋排布构造

有暗梁板带下部钢筋排布平面示意图如图 5-26 所示，暗梁下部纵向钢筋不宜少于上部纵向钢筋截面面积的 $1/2$。

5.2.3.2 有暗梁板带上部钢筋排布构造

有暗梁板带上部钢筋排布平面示意图如图 5-27 所示。

（1）板带长跨方向纵筋置于上$_1$层，短跨方向纵筋置于上$_2$层；具体排布构造要求，应以设计为准。

（2）板带支座上部非贯通纵筋应结合已配同向贯通纵筋的直径与间距，采取隔一布一的方式配置，且伸出长度应以设计为准。

（3）暗梁支座上部纵向钢筋应不小于柱上板带纵向钢筋截面面积的 $1/2$，暗梁下部纵向钢筋不宜小于上部纵向钢筋截面面积的 $1/2$。

5.2.4 无暗梁板带钢筋排布构造

5.2.4.1 无暗梁板带下部钢筋排布构造

无暗梁板带下部钢筋排布平面示意图如图 5-28 所示。

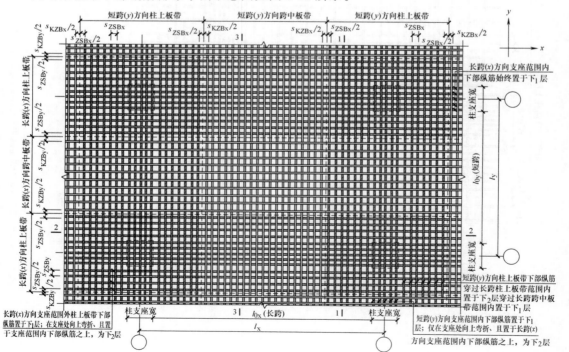

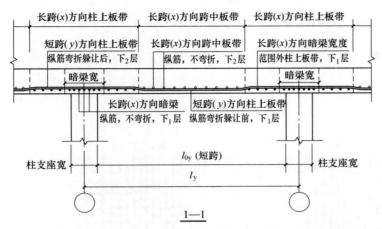

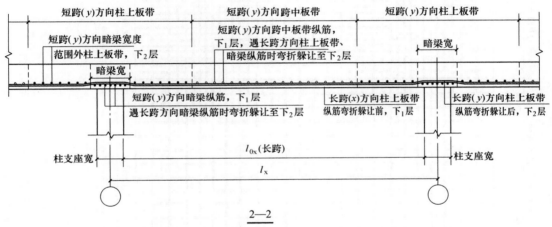

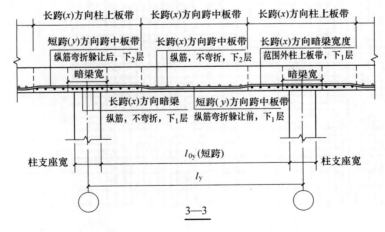

图 5-28 无暗梁板带下部钢筋排布平面示意图

s_{KZBx}、s_{KZBy}——跨中板带的设定间距；s_{ZSBx}、s_{ZSBy}——柱上板带的设定间距；

l_x、l_y——x、y 方向的悬挑长度；l_{0x}、l_{0y}——长跨、短跨方向的悬挑长度

5.2.4.2 无暗梁板带上部钢筋排布构造

无暗梁板带上部钢筋排布平面示意图如图 5-29 所示。

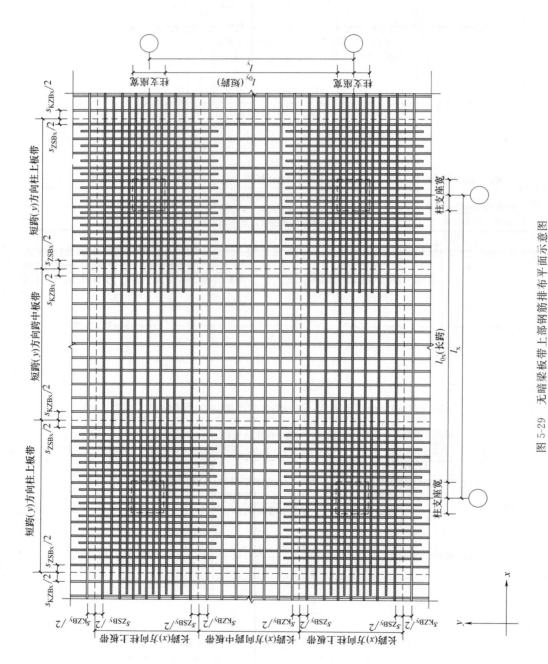

图 5-29　无暗梁板带上部钢筋排布平面示意图

s_{KZBx}、s_{KZBy}—跨中板带的设定间距；s_{ZSBx}、s_{ZSBy}—柱上板带的设定间距；l_x、l_y—x、y 方向的悬挑长度；l_{0x}、l_{0y}—长跨、短跨方向的悬挑长度

（1）板带长跨方向纵筋置于上$_1$层，短跨方向纵筋置于上$_2$层；具体排布构造要求，应以设计为准。

（2）板带支座上部非贯通纵筋应结合已配同向贯通纵筋的直径与间距，采取隔一布一的方式配置，且伸出长度应以设计为准。

（3）无暗梁无梁楼盖仅可用于非高层建筑，具体情况由设计方指定。

5.2.5　板柱节点抗冲切栓钉排布构造

板柱节点（矩形柱）抗冲切栓钉平面排布构造如图 5-30 所示，板柱节点抗冲切栓钉构造剖面示意图如图 5-31 所示，栓钉的混凝土保护层厚度不应超过最小混凝土保护层厚度与 1/2 纵向受力钢筋直径之和。

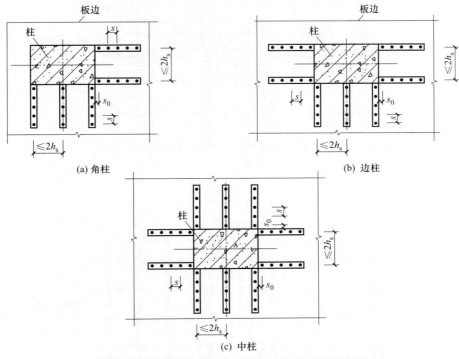

图 5-30　板柱节点（矩形柱）抗冲切栓钉平面排布构造

$$(50 \leqslant s_0 \leqslant 0.5 h_s,\ s \leqslant 0.5 h_s,\ h_s = h - C_t - d_b)$$

s—栓钉间距；h—板厚；h_s—板柱有效高度；C_t—板面保护层厚度；s_0—里圈栓钉与柱面之间的距离；d_b—钢筋直径

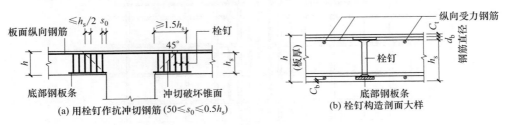

图 5-31　板柱节点抗冲切栓钉构造剖面示意图

h—板厚；h_s—板柱有效高度；s_0—里圈栓钉与柱面之间的距离；

C_b—板底保护层厚度；C_t—板面保护层厚度；d_b—钢筋直径

5.2.6 抗冲切箍筋、抗冲切弯起钢筋构造

抗冲切箍筋、抗冲切弯起钢筋构造如图 5-32 所示。

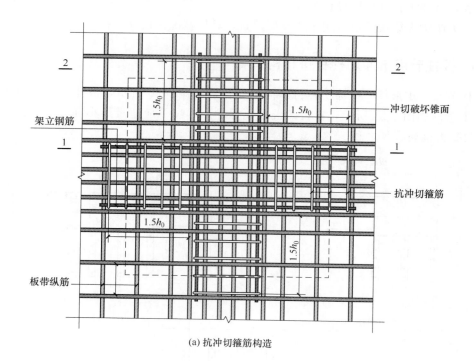

(a) 抗冲切箍筋构造

(b) 抗冲切弯起钢筋构造

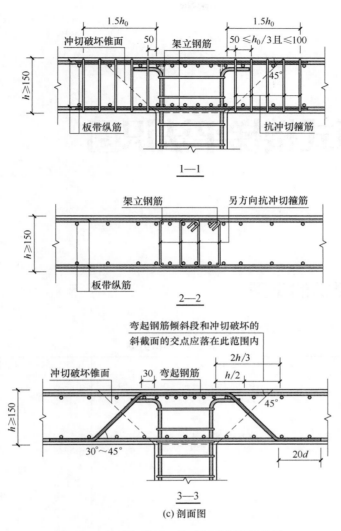

图 5-32　抗冲切箍筋、抗冲切弯起钢筋构造

h—板厚；h_0—板截面有效高度；d—钢筋直径

（1）混凝土板中配置抗冲切箍筋或弯起钢筋时，板厚不应小于150mm。

（2）配置抗冲切箍筋时，箍筋及相应位置的架立钢筋应配置在与45°冲切破坏锥面相交的范围内；配置弯起钢筋时，弯起钢筋的倾斜段应与冲切破坏锥面相交，其交点应在集中荷载作用面或柱截面边缘以外 $h/2\sim2h/3$ 的范围内。

（3）采用抗冲切箍筋时，优先选用板带纵筋架立抗冲切箍筋；板带纵筋无法满足要求时，根据计算要求补充相应的架立筋。箍筋肢数、架立筋直径均由设计方指定。

6

板式楼梯平法识图

6.1　板式楼梯的类型

板式楼梯包含 12 种类型，详见表 6-1。

表 6-1　楼梯类型

梯板代号	适用结构	是否参与结构整体抗震计算
AT	剪力墙、砌体结构	不参与
BT		
CT		
DT		
ET		
FT		
GT		
ATa	框架结构、框剪结构中框架部分	参与
ATb		
ATc		
CTa		不参与
CTb		

注：ATa、CTa 低端设滑动支座支承在梯梁上；ATb、CTb 低端设滑动支座支承在梯梁的挑板上。

6.2　楼梯板钢筋构造

6.2.1　AT~GT 型楼梯板钢筋构造

AT~GT 型楼梯板钢筋构造如图 6-1~图 6-7 所示。

（1）梯板踏步段内斜放钢筋长度的计算方法：钢筋斜长＝水平投影长度×k。

$$k = \frac{\sqrt{b_s^2 + h_s^2}}{b_s}$$

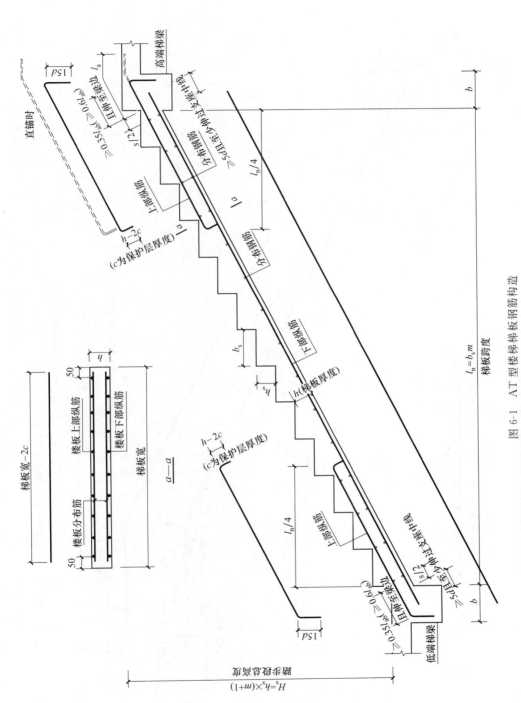

图 6-1 AT 型楼梯梯板钢筋构造

h_s—踏步高；m—踏步数；H_s—踏步段总高度；l_n—受拉钢筋锚固长度；l_{ab}—受拉钢筋基本锚固长度；d—钢筋直径；l_n—梯板跨度；b—平台宽；b_s—踏步宽；h—梯板厚度；c—保护层厚度；s—所对应板钢筋间距

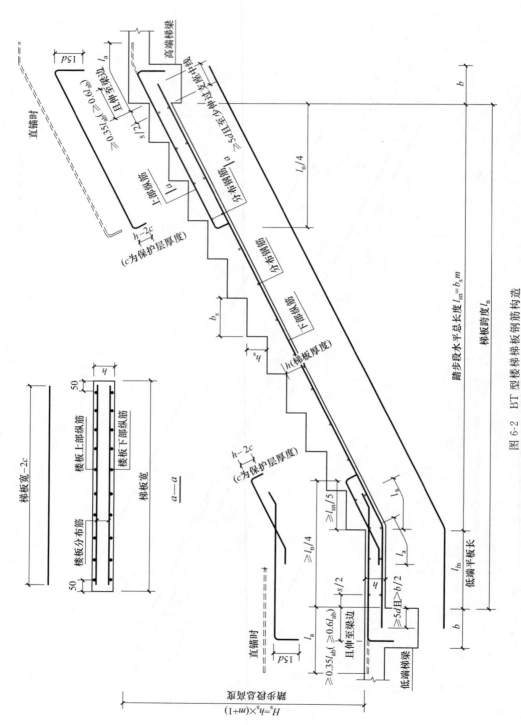

图 6-2 BT 型楼梯梯板钢筋构造

h_s—踏步高；m—踏步数；H_s—踏步段总高度；l_a—受拉钢筋基本锚固长度；d—钢筋直径；

l_n—梯板跨度；b_s—踏步宽；h—梯板厚度；l_{ab}—受拉钢筋锚固长度；c—保护层厚度；s—所对应板钢筋间距

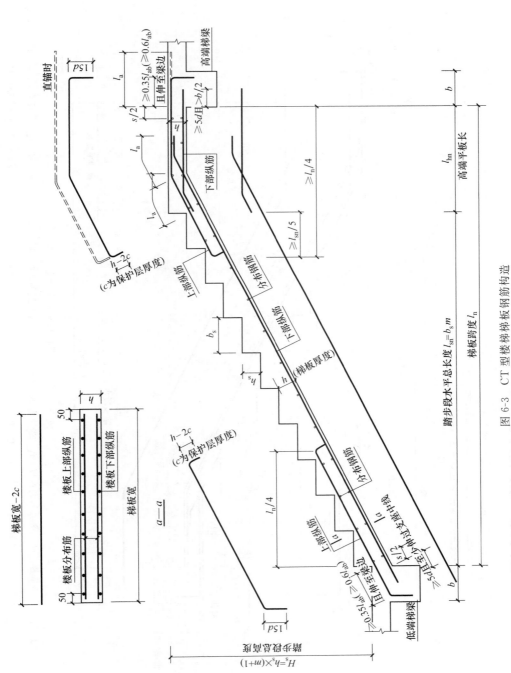

图 6-3 CT 型楼梯梯板钢筋构造

h_s—踏步高；m—踏步数；H_s—踏步段总高度；l_n—受拉钢筋基本锚固长度；d—钢筋直径；l_n—梯板跨度；
b—平台宽；b_s—踏步宽；h—梯板厚度；l_{hn}—高端平板长；c—保护层厚度；s—所对应钢筋间距

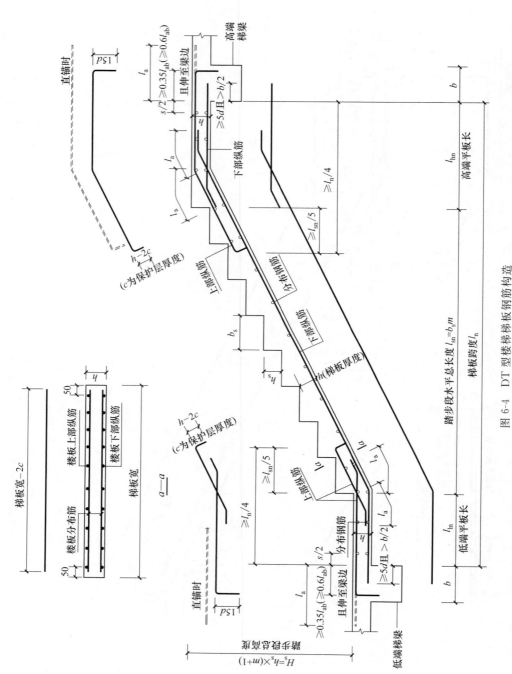

图 6-4 DT 型楼梯梯板钢筋构造

h_s—踏步高；m—踏步数；H_s—踏步段总高度；l_a—受拉钢筋锚固长度；l_{ab}—受拉钢筋基本锚固长度；d—钢筋直径；l_n—梯板跨度；b—平台宽；b_s—踏步宽；h—梯板厚度；l_{sn}—踏步段水平总长度；l_{ln}—低端平板长；l_{hn}—高端平板长；c—保护层厚度；s—所对应板钢筋间距

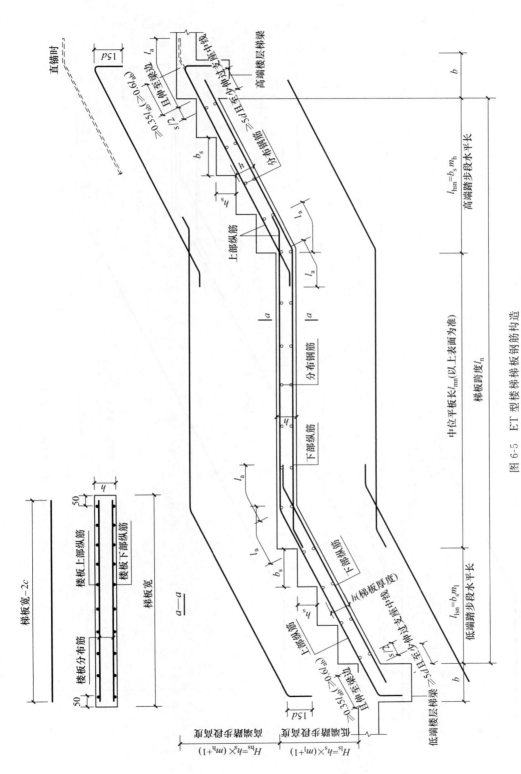

图 6-5 ET 型楼梯梯板钢筋构造

h_s—踏步高；m_l、m_h—低端、高端踏步数；H_{ls}、H_{hs}—低端、高端踏步段总高度；l_{ab}—受拉钢筋基本锚固长度；l_a—受拉钢筋锚固长度；l_n—梯板跨度；l_{mn}—中位平板长；l_{lsn}、l_{hsn}—低端、高端踏步段水平长；b_s—踏步宽；b—平台板长；h—梯板厚度；c—保护层厚度；s—所对应板筋间距；d—钢筋直径

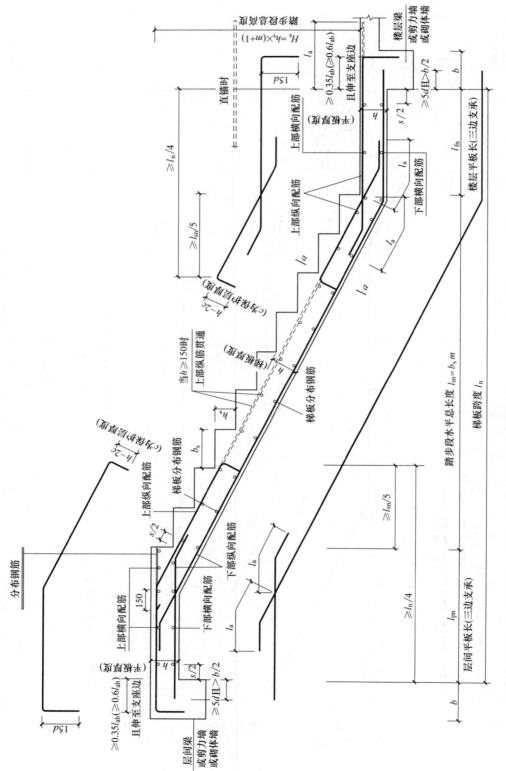

(a) FT型楼梯梯板钢筋构造（一）

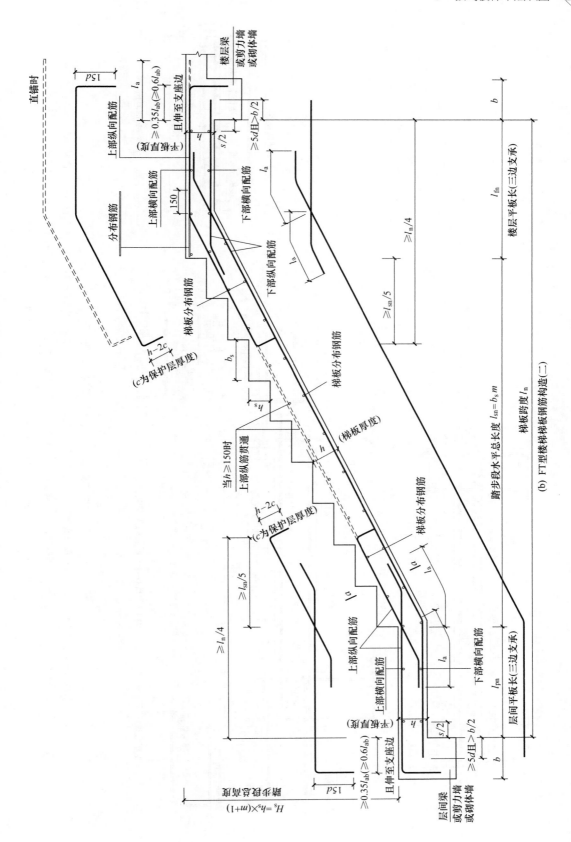

(b) FT型楼梯梯板钢筋构造（二）

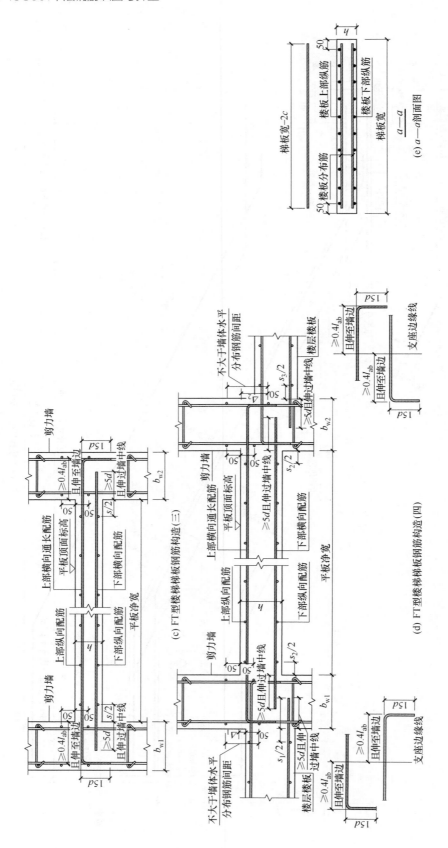

图 6-6　FT 型楼梯梯板钢筋构造

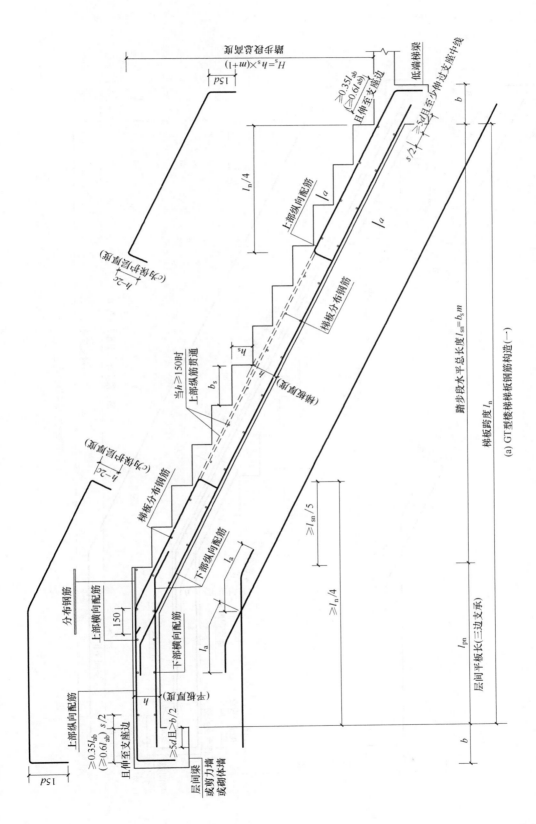

（a）GT型楼梯梯板钢筋构造（一）

图 6-7

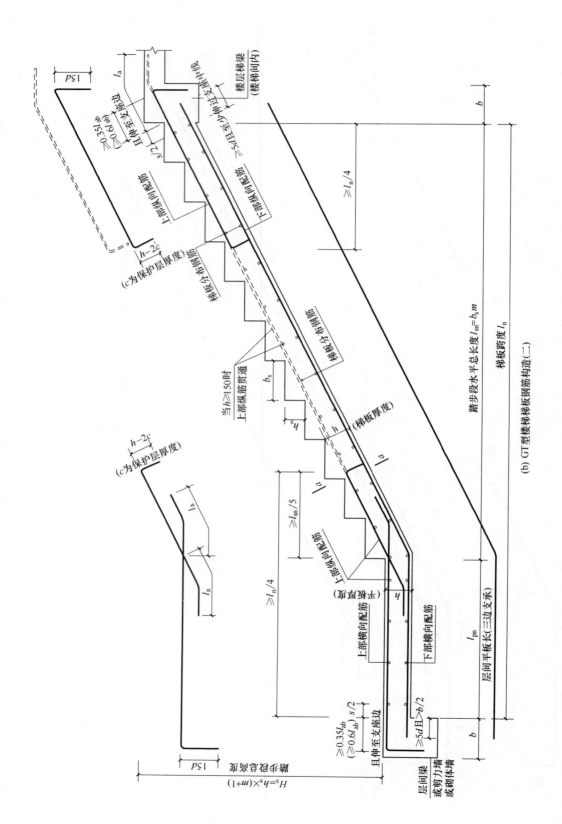

(b) GT型楼梯梯板钢筋构造（二）

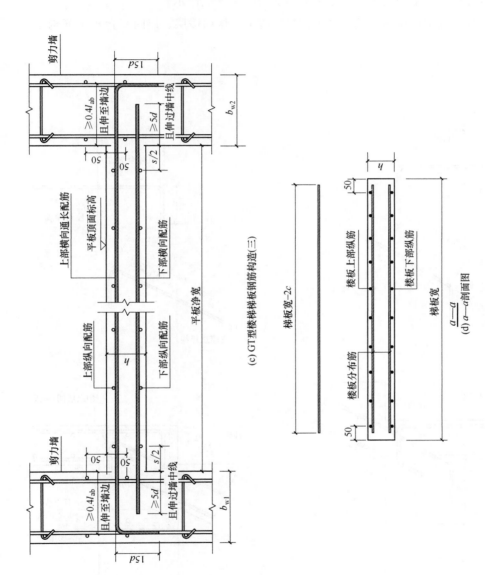

(c) GT型楼梯梯板钢筋构造(三)

(d) a—a剖面图

图 6-7 GT 型楼梯梯板钢筋构造

h_s—踏步高；m—踏步数；H_s—踏步段总高度；d—钢筋直径；l_n—梯板跨度；l_a—受拉钢筋锚固长度；l_{ab}—受拉钢筋基本锚固长度；b—平台宽；b_s—踏步宽；l_{sn}—踏步段水平总长度；h—梯板厚度；c—保护层厚度；l_{pn}—层间平板长（三边支承）；s—所对应板钢筋间距；b_{w1}、b_{w2}—墙肢截面厚度

（2）图 6-7 中上部纵筋锚固长度 $0.35l_{ab}$ 用于设计按铰接的情况，括号内数据 $0.6l_{ab}$ 用于设计考虑充分发挥钢筋抗拉强度的情况，具体工程中设计方应指明采用何种情况。

（3）上部纵筋需伸至支座对边再向下弯折。上部纵筋有条件时可直接伸入平台板内锚固，从支座内边算起总锚固长度不小于 l_a，如图 6-7 中虚线所示。

（4）梯梁节点处钢筋排布构造详图如图 6-8 所示。楼梯楼层、层间平台板钢筋构造如图 6-9 所示。

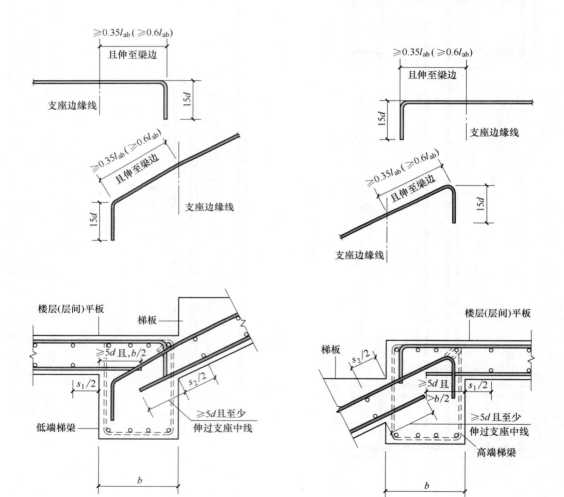

(a) 低端梯梁处、平板纵筋在梯梁中弯锚　　　(b) 高端梯梁处、梯板纵筋在梯梁中锚固

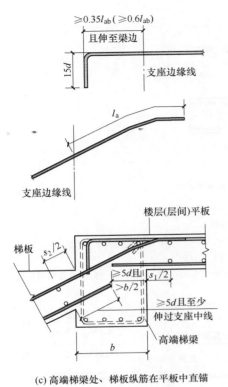

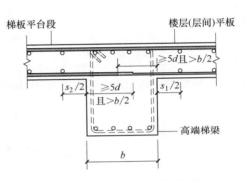

(c) 高端梯梁处、梯板纵筋在平板中直锚　　　(d) 梯板纵筋与平板纵筋二者取大值拉通

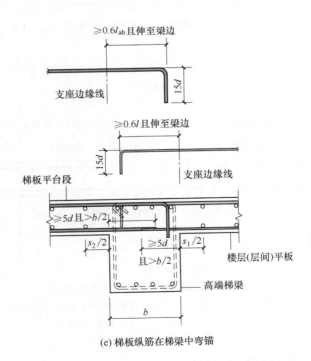

(e) 梯板纵筋在梯梁中弯锚

图 6-8

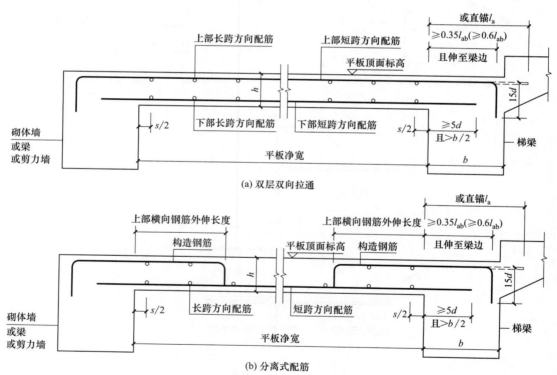

图 6-8　梯梁节点处钢筋排布构造详图

l_{ab}—受拉钢筋基本锚固长度；s_1、s_2—所对应板钢筋间距；d—钢筋直径；b—平台宽；l_a—受拉钢筋锚固长度

图 6-9　楼梯楼层、层间平台板钢筋构造

l_{ab}—受拉钢筋基本锚固长度；s—所对应板钢筋间距；d—钢筋直径；

h—梯板厚度；b—平台宽；l_a—受拉钢筋锚固长度

6.2.2　ATa、ATb 型楼梯板钢筋构造

ATa、ATb 型楼梯板钢筋构造如图 6-10、图 6-11 所示。

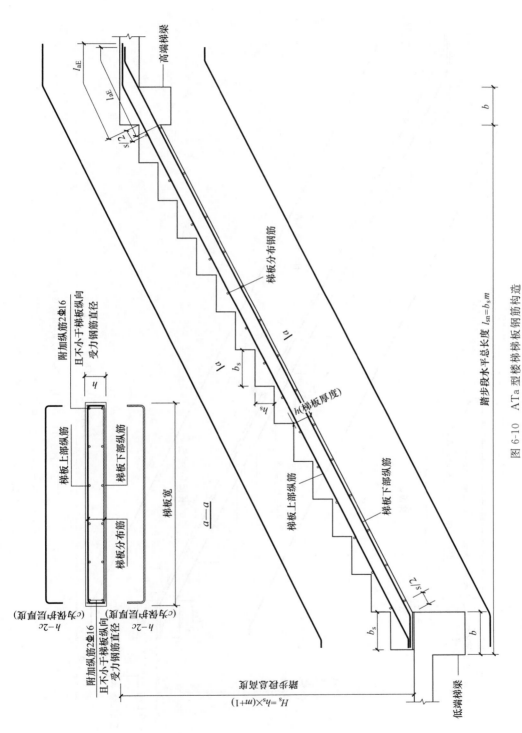

图 6-10　ATa 型楼梯梯板钢筋构造

h_s—踏步高；m—踏步数；h—梯板厚度；l_{sn}—踏步段水平总长度；
b_s—踏步宽；H_s—踏步段总高度；l_{aE}—受拉钢筋抗震锚固长度；b—平台宽；
受力钢筋直径；c—保护层厚度；s—所对应对板钢筋间距；

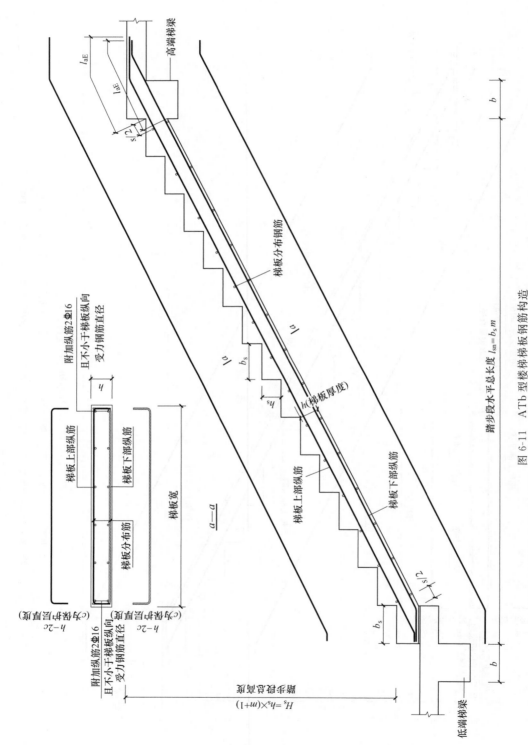

图 6-11 ATb 型楼梯梯板钢筋构造

h_s—踏步高；m—踏步段数；H_s—踏步段总高度；l_{aE}—受拉钢筋抗震锚固长度；b—平台宽；
b_s—踏步宽；h—梯板厚度；l_{sn}—踏步段水平总长度；c—保护层厚度；s—所对应板钢筋间距

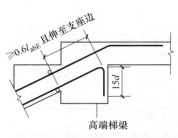

图 6-12　梯板下部纵筋在高端
梯梁支座锚固做法

（1）梯板踏步段内斜放钢筋长度的计算方法：钢筋斜长＝水平投影长度×k。

$$k=\frac{\sqrt{b_s^2+h_s^2}}{b_s}$$

（2）当梯板下部纵筋无法伸入高端梯梁处平台板中锚固时，可将其锚入高端梯梁支座，如图 6-12 所示。

（3）滑动支座处具体构造详图如图 6-13、图 6-14 所示。

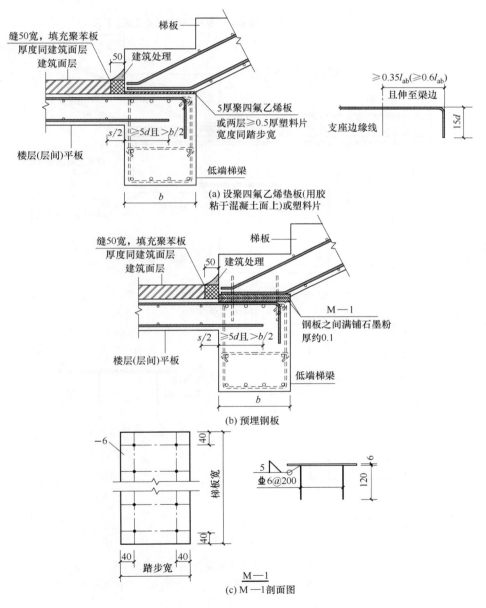

图 6-13　ATa 型楼梯滑动支座构造详图

l_{ab}—受拉钢筋基本锚固长度；s—所对应板钢筋间距；d—钢筋直径；b—平台宽

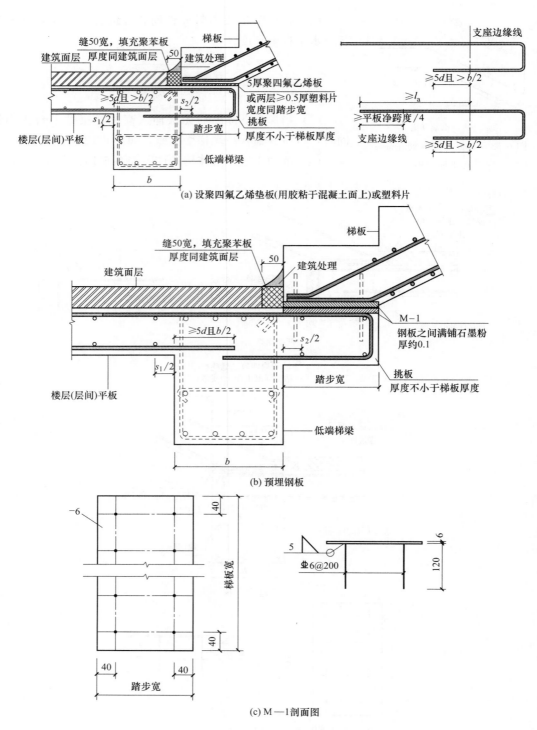

图 6-14　ATb 型楼梯滑动支座构造详图

s_1、s_2—所对应板钢筋间距；d—钢筋直径；b—平台宽；l_a—受拉钢筋锚固长度

（4）梯梁节点处钢筋排布构造详图见图 6-15。

（5）楼梯楼层、层间平台板钢筋构造如图 6-9 所示。

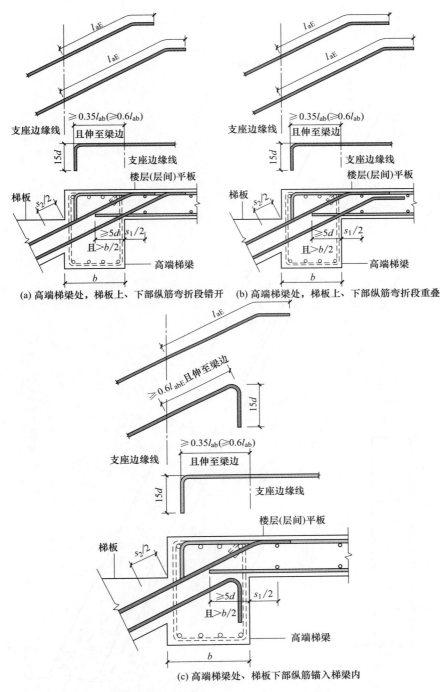

(a) 高端梯梁处，梯板上、下部纵筋弯折段错开   (b) 高端梯梁处，梯板上、下部纵筋弯折段重叠

(c) 高端梯梁处，梯板下部纵筋锚入梯梁内

图 6-15 梯梁节点处钢筋排布构造详图

l_{ab}—受拉钢筋基本锚固长度；s_1、s_2—所对应板钢筋间距；

d—钢筋直径；b—平台宽；l_{aE}—受拉钢筋抗震锚固长度；l_{abE}—抗震设计时受拉钢筋基本锚固长度

6.2.3 ATc 型楼梯梯板钢筋构造

ATc 型楼梯梯板钢筋构造如图 6-16 所示。

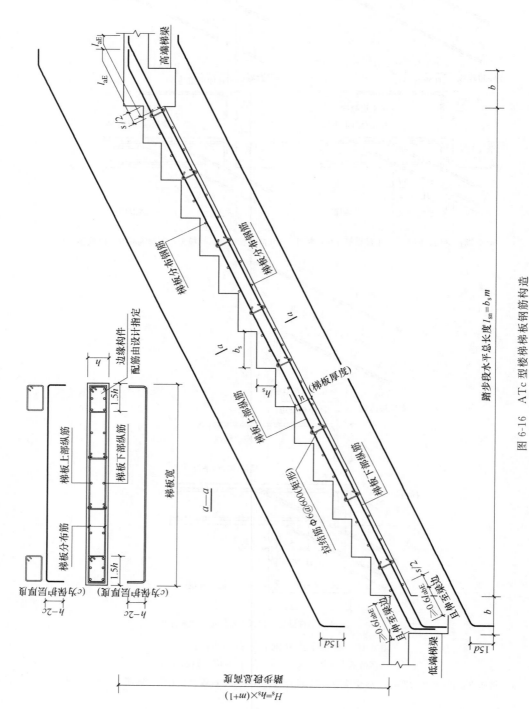

图6-16 ATc型楼梯梯板钢筋构造

h_s—踏步高；m—踏步段数；H_s—踏步段总高度；l_{abE}—抗震设计时受拉钢筋基本锚固长度；l_{aE}—受拉钢筋抗震锚固长度；b—平台宽；

b_s—踏步宽；h—梯板厚度；l_{sn}—踏步段水平总长度；d—钢筋直径；c—保护层厚度；s—所对应板钢筋间距

（1）梯板踏步段内斜放钢筋长度的计算方法：钢筋斜长＝水平投影长度×k。

$$k=\frac{\sqrt{b_\mathrm{s}^2+h_\mathrm{s}^2}}{b_\mathrm{s}}$$

（2）当梯板下部纵筋无法伸入高端梯梁处平台板中锚固时，可将其锚入高端梯梁支座，如图6-12所示。

（3）梯板边缘构件的纵筋数量，当抗震等级为一、二级时不少于6根；当抗震等级为三、四级时不少于4根。纵筋直径不小于12mm且不小于梯板纵向受力钢筋。

（4）钢筋均采用符合抗震性能要求的热轧钢筋（钢筋的抗拉强度实测值与屈服强度实测值的比值不应小于1.25；钢筋的屈服强度实测值与屈服强度标准值的比值不应大于1.3，且钢筋在最大拉力下的总伸长率实测值不应小于9%）。

（5）梯梁节点处钢筋排布构造详图见图6-17。

（6）楼梯楼层、层间平台板钢筋构造如图6-9所示。

【例6-1】 ATc3型楼梯的平面布置图如图6-18所示。混凝土强度为C30，抗震等级为一级，梯梁宽度$b=200$mm。求ATc3型楼梯中各钢筋量。

【解】 （1）ATc3楼梯板的基本尺寸数据

① 楼梯板净跨度$l_\mathrm{n}=2800$mm。

② 梯板净宽度$b_\mathrm{n}=1600$mm。

③ 梯板厚度$h=120$mm。

④ 踏步宽度$b_\mathrm{s}=280$mm。

⑤ 踏步总高度$H_\mathrm{s}=1650$mm。

⑥ 踏步高度$h_\mathrm{s}=1650/11=150$mm。

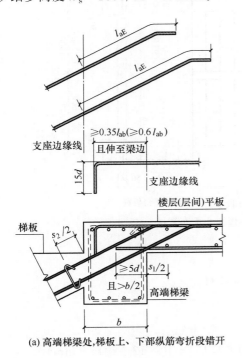

(a) 高端梯梁处,梯板上、下部纵筋弯折段错开

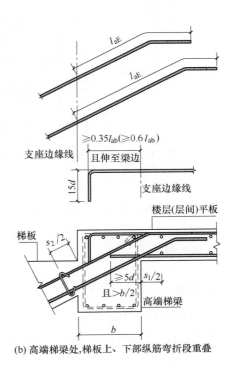

(b) 高端梯梁处,梯板上、下部纵筋弯折段重叠

图6-17

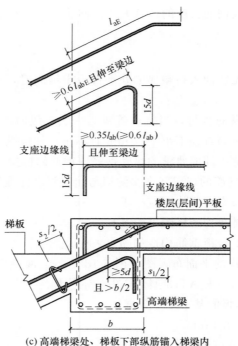

(c) 高端梯梁处、梯板下部纵筋锚入梯梁内

图 6-17 梯梁节点处钢筋排布构造详图

l_{ab}—受拉钢筋基本锚固长度；s_1、s_2—所对应板钢筋间距；

d—钢筋直径；b—平台宽；l_{aE}—受拉钢筋抗震锚固长度；l_{abE}—受拉钢筋基本锚固长度

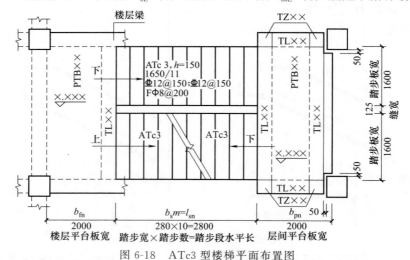

图 6-18 ATc3 型楼梯平面布置图

（2）计算步骤

① 斜坡系数 $=\dfrac{\sqrt{b_s^2+h_s^2}}{b_s}=\dfrac{\sqrt{280^2+150^2}}{280}=1.134$。

② 梯板下部纵筋和上部纵筋。

下部纵筋长度 $=15d+(b-$保护层厚度$+l_{sn})\times k+l_{aE}$

$=15\times 12+(200-15+2800)\times 1.134+40\times 12=4045$（mm）

下部纵筋范围 $=b_n-2\times 1.5h=1600-3\times 150=1150$（mm）

下部纵筋根数＝1150/150＝8（根）

本题的上部纵筋长度与下部纵筋相同。

上部纵筋长度＝4045mm

上部纵筋范围与下部纵筋相同。

上部纵筋根数＝1150/150＝8（根）

③ 梯板分布筋的计算（"扣筋"形状）：

分布筋的水平段长度＝b_n－2×保护层厚度＝1600－2×15＝1570（mm）

分布筋的直钩长度＝h－2×保护层厚度＝150－2×15＝120（mm）

分布筋每根长度＝1570＋2×120＝1810（mm）

分布筋根数的计算：

分布筋设置范围＝$l_{sn}k$＝2800×1.134＝3175（mm）

分布筋根数＝3175/200＝16（根）（这仅是上部纵筋的分布筋根数）

上下纵筋的分布筋总数＝2×16＝32（根）

④ 梯板拉结筋的计算：根据相关规定，梯板拉结筋ϕ6mm，间距600mm。

拉结筋长度＝h－2×保护层厚度＋2×拉筋直径＝150－2×15＋2×6＝132（mm）

拉结筋根数＝3175/600＝6（根）（这是一对上下纵筋的拉结筋根数）

每一对上下纵筋都应该设置拉结筋（相邻上下纵筋错开设置），拉结筋总根数＝8×6＝48（根）

⑤ 梯板暗梁箍筋的计算：梯板暗梁箍筋为ϕ6@200。

箍筋尺寸计算（箍筋仍按内围尺寸计算）：

箍筋宽度＝1.5h－保护层厚度－2d＝1.5×150－15－2×6＝198（mm）

箍筋高度＝h－2×保护层厚度－2d＝150－2×15－2×6＝108（mm）

箍筋每根长度＝（198＋108）×2＋26×6＝768（mm）

箍筋分布范围＝$l_{sn}×k$＝2800×1.134＝3175（mm）

箍筋根数＝3175/200＝16（根）（这是一道暗梁的箍筋根数）

两道暗梁的箍筋根数＝2×16＝32（根）

⑥ 梯板暗梁纵筋的计算：每道暗梁纵筋根数6根（一、二级抗震时），暗梁纵筋直径Φ12mm（不小于纵向受力钢筋直径）。

两道暗梁的纵筋根数＝2×6＝12（根）

本题的暗梁纵筋长度同下部纵筋：

暗梁纵筋长度＝4045mm

上面只计算了一跑ATc3楼梯的钢筋，一个楼梯间有两跑ATc3楼梯，两跑楼梯的钢筋要把上述钢筋数量乘以2。

6.2.4　CTa、CTb型楼梯梯板钢筋构造

CTa、CTb型楼梯梯板钢筋构造如图6-19、图6-20所示。

（1）梯板踏步段内斜放钢筋长度的计算方法：钢筋斜长＝水平投影长度×k。

$$k=\frac{\sqrt{b_s^2+h_s^2}}{b_s}$$

（2）滑动支座处具体构造详图如图6-21、图6-22所示。

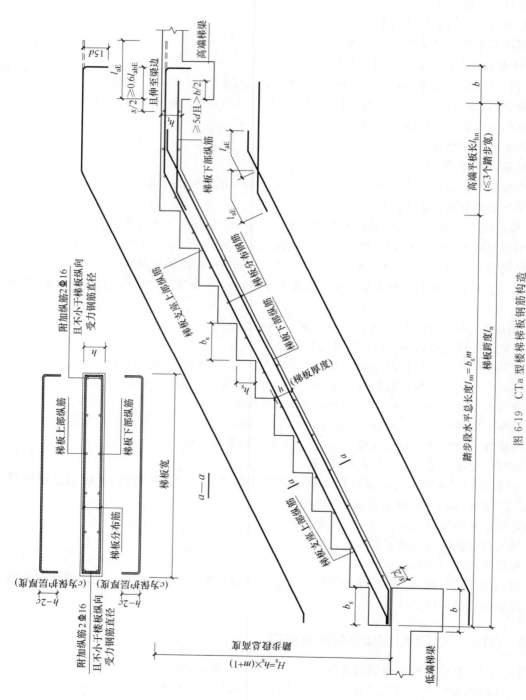

图6-19 CTa型楼梯梯板钢筋构造

h_s—踏步高；m—踏步数；H_s—踏步段总高度；l_a—受拉钢筋锚固长度；l_{aE}—受拉钢筋抗震锚固长度；l_{abE}—抗震设计时受拉钢筋基本锚固长度；d—钢筋直径；l_n—梯板跨度；l_{sn}—踏步段水平总长度；l_{hn}—高端平板长度；c—保护层厚度；s—所对应板钢筋间距；h_t—楼梯平板厚度；b—平台宽；b_s—踏步宽；h—梯板厚；h_t—高端平板厚度；

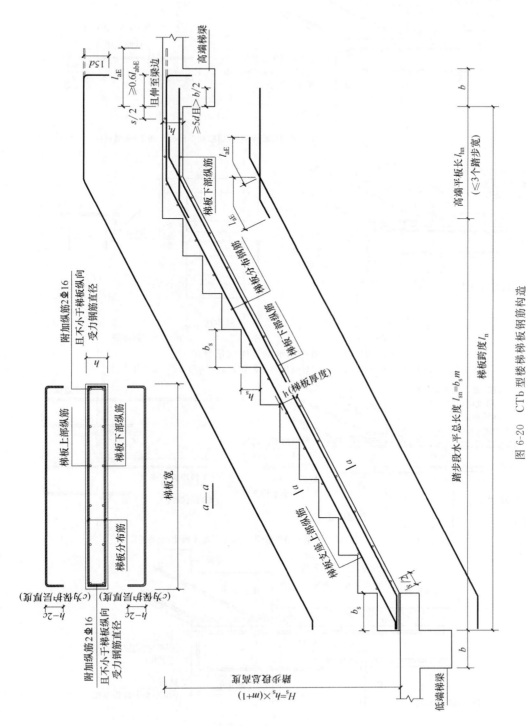

图 6-20　CTb 型楼梯梯板钢筋构造

h_s—踏步高；m—踏步数；H_s—踏步段总高度；l_{aE}—受拉钢筋抗震锚固长度；l_a—受拉钢筋基本锚固长度；d—钢筋直径；l_n—梯板跨度；

b—平台宽；b_s—踏步宽；h—梯板厚度；h_1—高端平板厚；l_{sn}—踏步段水平总长度；c—保护层厚度；s—所对应板筋间距；h_t—楼梯平板厚度

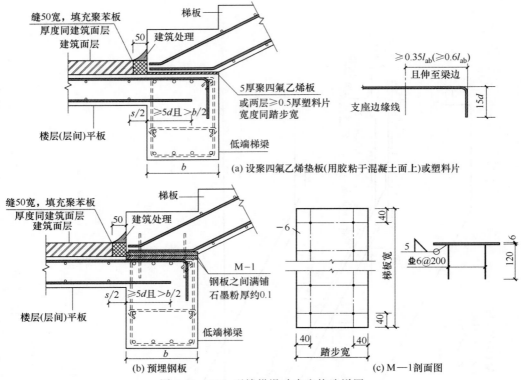

图 6-21　CTa 型楼梯滑动支座构造详图

l_{ab}—受拉钢筋基本锚固长度；s—所对应板钢筋间距；d—钢筋直径；b—平台宽

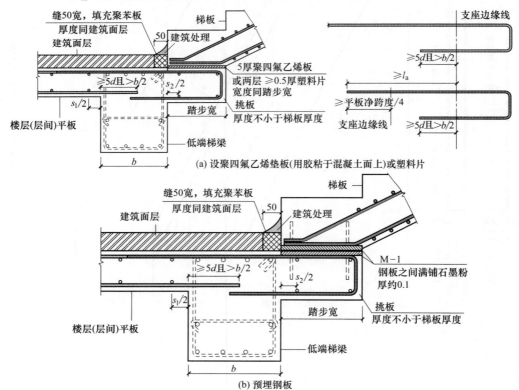

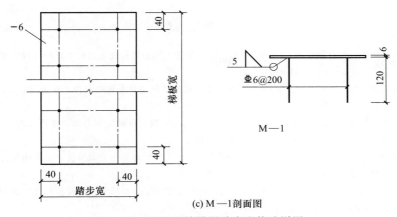

(c) M—1剖面图

图 6-22 CTb 型楼梯滑动支座构造详图

s_1、s_2—所对应板钢筋间距；d—钢筋直径；b—平台宽；l_a—受拉钢筋锚固长度

（3）梯梁处钢筋排布构造详图见图 6-23。

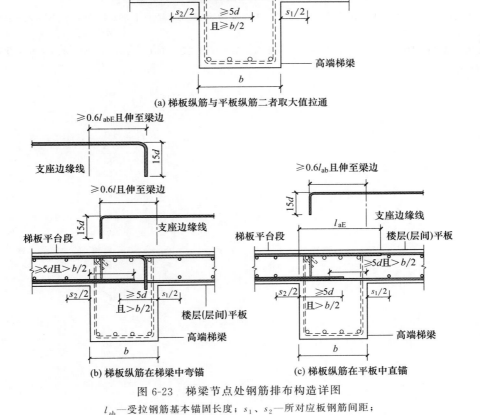

图 6-23 梯梁节点处钢筋排布构造详图

l_{ab}—受拉钢筋基本锚固长度；s_1、s_2—所对应板钢筋间距；

d—钢筋直径；b—平台宽；l_{aE}—受拉钢筋抗震锚固长度；l_{abE}—抗震设计时受拉钢筋基本锚固长度

（4）楼梯楼层、层间平台板钢筋构造如图 6-9 所示。

参 考 文 献

[1]　中国建筑标准设计研究院有限公司. 18G901-1混凝土结构施工钢筋排布规则与构造详图（现浇混凝土框架、剪力墙、梁、板）[S]. 北京：中国计划出版社，2018.

[2]　中国建筑标准设计研究院有限公司. 18G901-2混凝土结构施工钢筋排布规则与构造详图（现浇混凝土板式楼梯）[S]. 北京：中国计划出版社，2018.

[3]　中国建筑标准设计研究院有限公司. 18G901-3混凝土结构施工钢筋排布规则与构造详图（独立基础、条形基础、筏形基础、桩基础）[S]. 北京：中国计划出版社，2018.

[4]　中国建筑标准设计研究院有限公司. 16G101-1混凝土结构施工图平面整体表示方法制图规则和构造详图（现浇混凝土框架、剪力墙、梁、板）. 北京：中国计划出版社，2016.

[5]　中国建筑标准设计研究院有限公司. 16G101-2混凝土结构施工图平面整体表示方法制图规则和构造详图（现浇混凝土板式楼梯）. 北京：中国计划出版社，2016.

[6]　中国建筑标准设计研究院有限公司. 16G101-3混凝土结构施工图平面整体表示方法制图规则和构造详图（独立基础、条形基础、筏形基础、桩基础）. 北京：中国计划出版社，2016.

[7]　中国建筑科学研究院有限公司. 混凝土结构设计规范（2015年版）（GB 50010—2010）[S]. 北京：中国建筑工业出版社，2015.

[8]　中国建筑科学研究院有限公司. 建筑抗震设计规范（附条文说明）（GB 50011—2010）[S]. 北京：中国建筑工业出版社，2010.

[9]　中华人民共和国住房和城乡建设部. 混凝土结构工程施工规范（GB 50666—2011）[S]. 北京：中国建筑工业出版社，2011.

[10]　中华人民共和国住房和城乡建设部. 混凝土结构工程施工质量验收规范（GB 50204—2015）[S]. 北京：中国建筑工业出版社，2015.

[11]　中华人民共和国住房和城乡建设部. 高层建筑混凝土结构技术规程（JGJ 3—2010）[S]. 北京：中国建筑工业出版社，2011.